■ シリーズ・現象を解明する数学
Introduction to Interdisciplinary Mathematics:
Phenomena, Modeling and Analysis

三村昌泰，竹内康博，森田善久：編集

パターン形成と
分岐理論

自発的パターン発生の力学系入門

桑村雅隆 著

共立出版

本シリーズの刊行にあたって

　数学は 2000 年以上の長い歴史を持つが，厖大な要因が複雑に相互作用をする生命現象や社会現象のような分野とはかなり距離を持って発展してきた．しかしながら，20 世紀の後半以降，学際的な視点から，数学の新しい分野への展開は急速に増してきている．現象を数学のことばで記述し，数理的に解明する作業は可能だろうか？　そして可能であれば，数学はどのような役割を果たすことができるであろうか？　本シリーズでは，今後数学の役割がますます重要になってくると思われる生物，生命，社会学，芸術などの新しい分野の現象を対象とし，「現象」そのものの説明と現象を理解するための「数学的なアプローチ」を解説する．数学が様々な問題にどのように応用され現象の解明に役立つかについて，基礎的な考え方や手法を提供し，一方，数学自身の新しい研究テーマの開拓に指針となるような内容のテキストを目指す．

　数学を主に学んでいる学部 4 年生レベルの学生で，（潜在的に）現象への応用に興味を持っている方，数学の専門家であるが，数学が現象の理解にどのように応用されているかに興味がある方，また逆に，現象を研究している方で数学にハードルを感じているが，数学がどのように応用されているかに興味を持っている方などを対象としたこれまでの数学書にはない新しい企画のシリーズである．

編集委員

まえがき

　本書は，常微分方程式の平衡点および周期解の安定性と分岐に関する基本的な内容を平易にまとめた後，生物の形態（パターン）形成理論の出発点となったチューリング (Turing) 理論の入門的な解説を行ったものである．数学を専攻していなくても読めるように，本文中で必要とされる予備知識は微分積分と線形代数の範囲にとどまるよう配慮し，それを超えると思われる事項は付録で手短に説明した．よって，理論と応用の面で重要な定理については，その意味と使い方を詳しく説明し，数学的に技術的な証明を要するものについては証明を割愛した．もし，定理の証明や形式的な計算 (formal analysis) の数学的な正当化について興味が生じれば，必要に応じて巻末の参考文献を参照して，自ら調べるように努めてほしい．

　本書の執筆にあたり，多くの専門書や入門書を参考にした．とりわけ，Strogatz の *Nonlinear Dynamics and Chaos*[1] と Kuznetsov の *Elements of Applied Bifurcation Theory* を参考にすることが多かった．これらは定評のある優れた本であるが，大著であるため内容を取捨選択して読む必要がある．しかし，そのような取捨選択は慣れていなければ（英語で書かれていることもあり）難しいと思われる．本書は，上で挙げたような本の中から重要な基本事項を取り上げて解説したものであり，安定性解析と分岐理論に関する self-contained な実用的入門書（日本語で書かれたものは本当に少ない）になるだろう．この分野に興味をもたれた読者は，巻末の参考文献に挙げた書物な

---

[1] 本書の出版とほぼ同時に和訳が丸善より出版された．

どを参考にしながら，より発展的な話題へ進まれるとよいだろう．

現在では，微分方程式をコンピュータを利用して数値的に解いて，解の空間的な形状やその時間変化を視覚的に捉えることは，様々な場面で実行されている．本書では，解説書なども出版されており，比較的使いやすいと思われるMathematicaとよばれるソフトウェアを主に利用して数値計算を行い，多くの図を作成した．また，本書で扱った安定性解析と分岐理論は，微分方程式でモデル化される非線形現象を解析する基本的手法の1つである．それゆえ，本書で安定性解析と分岐理論の基本事項を理解しておけば，本シリーズの他の本，例えば「生物リズムと力学系」などを読むときにも役立つだろう．

ここで，本書の構成を手短に説明しておこう．第1章では，いくつかの具体例を通して安定性と分岐の概念を直観的に説明した．第2章では，常微分方程式の平衡点と周期解に関する安定性解析を扱う．平衡点と周期解の安定性の数学的な定義を与え，安定性解析の典型的な手法を一通り説明した．第3章では，パラメータを含む常微分方程式に現れる平衡点と周期解の分岐について説明した後，パターン形成理論の出発点となったチューリング理論の入門的な解説を行う．付録は微分積分と線形代数に関する事項および常微分方程式論，関数解析，数値計算法に関する事項からなる．

最後に，本書の執筆をお勧めくださるとともに原稿を査読して頂いた本シリーズ編集委員の三村昌泰，竹内康博，森田善久の3名の先生方に厚くお礼申し上げます．また，本書の構成と内容について議論して頂いた小川知之先生，Mathematicaについて支援頂いたウルフラムリサーチ社の中村英史氏，本書の出版までお世話頂いた共立出版の赤城圭氏にも厚くお礼申し上げます．

目　次

第 1 章　現象と微分方程式　　1
   1.1　はじめに　……………………………………………　1
   1.2　生物個体群のダイナミクス　………………………　2
   1.3　単振り子　……………………………………………　6
   1.4　化学反応に現れる振動　……………………………　10

第 2 章　安定性　　17
   2.1　流れとベクトル場　…………………………………　17
   2.2　平衡点の安定性　……………………………………　28
   2.3　中心多様体　…………………………………………　38
   2.4　座標変換　……………………………………………　45
   2.5　周期解の安定性　……………………………………　50
   2.6　保存系と勾配系　……………………………………　58
   2.7　平衡点の大域安定性とリアプノフの方法　………　65
   2.8　相平面解析　…………………………………………　68

第 3 章　分岐　　90
   3.1　サドルノード分岐　…………………………………　91
   3.2　トランスクリティカル分岐　………………………　95
   3.3　ピッチフォーク分岐　………………………………　98
   3.4　ホップ分岐　…………………………………………　105
   3.5　分岐の基本型の分類　………………………………　110

iv 目次

- 3.6 分岐解析の実例 ･････････････････････････････････ 116
- 3.7 n 次元常微分方程式における分岐 ･･････････････････ 132
- 3.8 不完全分岐とカタストロフ ･･･････････････････････ 136
- 3.9 チューリング理論 ･･･････････････････････････････ 142

付録 A　微分積分と線形代数に関する事項　162
- A.1 ジョルダン標準形 ･･･････････････････････････････ 162
- A.2 平面上の点集合 ･････････････････････････････････ 164
- A.3 ランダウの記号 ･････････････････････････････････ 165
- A.4 オイラーの公式 ･････････････････････････････････ 166
- A.5 陰関数定理 ･････････････････････････････････････ 168

付録 B　常微分方程式論と関数解析に関する事項　170
- B.1 微分方程式の解の一意存在定理 ･･･････････････････ 170
- B.2 ポアンカレ・ベンディクソンの定理 ･･･････････････ 171
- B.3 関数空間 ･･･････････････････････････････････････ 172
- B.4 リアプノフ・シュミット分解 ･････････････････････ 179

付録 C　数値計算法に関する事項　184
- C.1 疑似弧長法 ･････････････････････････････････････ 184
- C.2 反応拡散方程式の数値解法 ･･･････････････････････ 185

問題のヒントと略解　203

参考文献　206

索　引　207

第 1 章

現象と微分方程式

　時間が経つにつれて変化していく様々な現象が微分方程式を用いて記述されている．この章では，そのような例をいくつか紹介するとともに，平衡状態の安定性や分岐現象について説明する．ここでの議論は直観的なものであり，いくつかの専門用語を数学的な定義を与えずに用いる．安定性や分岐という概念が，様々な現象を理解するために役立つことがわかるだろう．

1.1 はじめに

　微分方程式とは，未知関数とその導関数および独立変数の間の関係を与える方程式のことである．例えば，

$$\frac{dx}{dt} = x$$

は独立変数 t の未知関数 $x = x(t)$ のみたす微分方程式である．この方程式の解は，容易にわかるように

$$x(t) = Ce^t$$

である．ここで，C は任意の定数である．したがって，微分方程式には任意定数の分だけの自由度があることになる．このような解を微分方程式の一般解という．この任意定数 C をただ 1 通りに決めるためには，何らかの条件が必要である．例えば，

$$t = t_0 \text{ のとき } x = x_0$$

という条件を付けると，この条件をみたす解は

$$x(t) = x_0 e^{(t-t_0)}$$

という特定の決まった関数になる．このような条件を初期条件という．

上の微分方程式の例では，与えられた初期条件をみたす解があることはすぐにわかった．しかも，その初期条件をみたす他の解はないように思われる．もっと一般的な形の微分方程式

$$\frac{dx}{dt} = f(x)$$

に対しても，与えられた初期条件をみたす解はあるのだろうか？　さらに，あるとすればただ1つなのだろうか？　例えば，$f(x)$ が複雑な式で与えられているような場合は，解を手計算で具体的に求めることができないかもしれない．しかし，そのことは方程式の解が存在しないことを意味しているのではない．それは，例えば

$$xe^x - 1 = 0$$

という実数 x に関する方程式の解は 0 と 1 の間にただ 1 つ存在しているが，その解を具体的な式で表すことができないことと同様である．

この微分方程式の解の存在問題は，微分方程式の理論の根幹にかかわることであり，重要なのだが現時点では深入りしない．以下では，与えられた初期条件をみたす微分方程式の解は**ただ1つ存在する**ものとして話を進めよう．

1.2　生物個体群のダイナミクス

生物集団における個体数の増加分は，出生数から死亡数を引いたものであり，資源が無制限に利用できるような理想的な環境では，そのときの総個体数に比例すると考えられる．したがって，生物個体数の増加速度，すなわち，単位時間内における個体数の増加分がそのときの総個体数に比例すると考えれば

$$\frac{dx}{dt} = rx \quad (r \text{ は定数}) \tag{1.2.1}$$

が成り立つ．ここで，$x = x(t)$ は時刻 t における生物個体数を表す．また，r は出生率と死亡率（単位時間内の出生数と死亡数）の差であり，内的自然増加

率とよばれる．この方程式の解は

$$x(t) = x(0)e^{rt}$$

で与えられる．したがって，$r > 0$ ならば，初期値 $x(0)$ が正である限り生物個体数は時間が経つにつれて指数関数的に大きくなる．(1.2.1) はマルサス則とよばれ，人口は爆発的（指数関数的）に増加するという主張の根拠となる．

マルサス則は理想的な環境条件下における生物個体数の増減を記述したものである．しかし，現実には個体数が増加するにつれて，限られた資源をめぐって生物集団内で競争が起こり，個体数の増加率は低下していくと考えられる．そこで，(1.2.1) において r を $r - kx$ とおきかえて

$$\frac{dx}{dt} = (r - kx)x \quad (r, k \text{ は定数})$$

としてみよう．

$$r - kx = r\left(1 - \frac{kx}{r}\right) = r\left(1 - \frac{x}{\frac{r}{k}}\right)$$

であるから，$r/k = K$ とおくと

$$\frac{dx}{dt} = r\left(1 - \frac{x}{K}\right)x \quad (r, K \text{ は定数}) \tag{1.2.2}$$

となる．これをロジスティック方程式という．ここで，r は内的自然増加率，K は環境収容力とよばれる．この方程式の解は

$$x(t) = \frac{Ke^{rt}x(0)}{K + (e^{rt} - 1)x(0)}$$

で与えられ，$x = x(t)$ のグラフは図 1.1 のようになる．

これより，$t \to \infty$ のとき $x(t) \to K$ であることがわかる．このことは，十分時間が経過したときには，生物の個体数は K を超えることができないことを意味しており，K が環境収容力とよばれる理由がわかる．また，$x = K$ は安定な平衡状態である．実際，$x(t) \equiv K$ は[1]

$$\frac{dx}{dt} = r\left(1 - \frac{x}{K}\right)x = 0$$

---

[1] $x(t) \equiv K$ は $x(t)$ が t によらず常に一定値 K をとる定数関数であることを意味する．

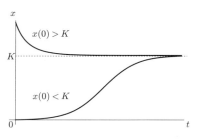

図 1.1　ロジスティック成長曲線

をみたしており，$x(0) > 0$ をみたすどんな初期値から出発する解であっても，最終的には $x = K$ に収束するからである．

(1.2.2) は1種類の生物からなる集団の個体数が時間とともに変化していく様子（個体群ダイナミクス）を記述するものであった．次に，それを2種類の生物種からなる集団の場合に拡張しよう．そのために，(1.2.2) を

$$\frac{1}{x} \cdot \frac{dx}{dt} = r\left(1 - \frac{x}{K}\right)$$

のように書き換える．上式の右辺は，1個体あたりの増殖率を表すことに注意しよう．今，種1と種2の個体数をそれぞれ x_1, x_2 とし，増殖率を r_1, r_2，環境収容力を K_1, K_2 とする．また，種2が種1に及ぼす影響は，種2の個体数を種1の個体数に換算する係数（競争係数）a_{12} で表されるものとする．同様に，種1が種2に及ぼす影響を表す係数は a_{21} であるとする．このとき，(1.2.2) を2種の生物種からなる集団について拡張した方程式は

$$\begin{cases} \dfrac{1}{x_1} \cdot \dfrac{dx_1}{dt} = r_1\left(1 - \dfrac{x_1 + a_{12}x_2}{K_1}\right) \\ \dfrac{1}{x_2} \cdot \dfrac{dx_2}{dt} = r_2\left(1 - \dfrac{x_2 + a_{21}x_1}{K_2}\right) \end{cases}$$

すなわち，

$$\begin{cases} \dfrac{dx_1}{dt} = r_1\left(1 - \dfrac{x_1 + a_{12}x_2}{K_1}\right)x_1 \\ \dfrac{dx_2}{dt} = r_2\left(1 - \dfrac{x_2 + a_{21}x_1}{K_2}\right)x_2 \end{cases} \quad (1.2.3)$$

となる．これはロトカ・ボルテラの方程式とよばれる．

この方程式の安定な平衡状態を考えてみよう．ただし，(1.2.3) は連立非線形微分方程式であり，手計算で解くことはできない（解を具体的な式で表せない）．そこで，種1と種2の間で競争が全くない場合，すなわち，$a_{12} = a_{21} = 0$ の場合を考えてみる．このとき，(1.2.3) は独立した2つの式

$$\frac{dx_1}{dt} = r_1\left(1 - \frac{x_1}{K_1}\right)x_1, \quad \frac{dx_2}{dt} = r_2\left(1 - \frac{x_2}{K_2}\right)x_2 \qquad (1.2.4)$$

となり，その平衡状態が $(0,0)$, $(K_1,0)$, $(0,K_2)$, (K_1,K_2) の4つであることはすぐにわかる．これら4つの平衡状態は，それぞれ x_1 と x_2 がともに絶滅する状態，x_1 が生き残り x_2 が絶滅する状態，x_1 が絶滅し x_2 が生き残る状態，x_1 と x_2 が共存する状態を表している．ロジスティック方程式の場合の考察より，$t \to \infty$ のとき $(x_1(t), x_2(t)) \to (K_1, K_2)$ であるから，(K_1, K_2) が (1.2.4) の安定な平衡状態である．しかし，$a_{12} = a_{21} = 0$ でない場合，(K_1, K_2) は (1.2.3) の平衡状態ではない．一方，$(0,0)$, $(K_1,0)$, $(0,K_2)$ の3つの平衡状態は，(1.2.4) の不安定な平衡状態であるが，$a_{12} = a_{21} = 0$ でない場合であっても (1.2.3) の平衡状態である．以上より，種1と種2の間の競争が弱い場合，すなわち，a_{12} と a_{21} の値が小さいときは種1と種2の共存を表す平衡状態が安定であり，そうでない場合は他の3つの状態のいずれかが安定になると予想される．

a_{12} と a_{21} の値が小さいと仮定して，(1.2.3) の平衡状態で種1と種2の共存を表すものを求めよう．

$$\frac{dx_1}{dt} = \frac{dx_2}{dt} = 0$$

とおくと，

$$1 - \frac{x_1 + a_{12}x_2}{K_1} = 1 - \frac{x_2 + a_{21}x_1}{K_2} = 0$$

より，種1と種2の共存を表す平衡状態は

$$(x_1, x_2) = \left(\frac{K_1 - a_{12}K_2}{1 - a_{12}a_{21}}, \frac{K_2 - a_{21}K_1}{1 - a_{12}a_{21}}\right)$$

である．$a_{12} = a_{21} = 0$ とおくと，この平衡状態は (K_1, K_2) に一致することに注意しよう．さて，上で求めた平衡状態の値は正でなければならないから，

$$K_1 - a_{12}K_2 > 0, \quad K_2 - a_{21}K_1 > 0, \quad 1 - a_{12}a_{21} > 0$$

が成り立つはずである．上の3つの不等式は

$$a_{12} < \frac{K_1}{K_2} < \frac{1}{a_{21}} \tag{1.2.5}$$

のように書き直すことができる．したがって，この不等式が成り立つように a_{12} と a_{21} の値を小さく選べば，(1.2.3) の平衡状態で種1と種2の共存を表すものが存在する．

以上の説明は，種1と種2の共存を表す平衡状態の安定性については全く触れていない．しかし，第2章8節で示すように，(1.2.5) は種1と種2の共存を表す平衡状態が安定であるための必要十分条件なのである．

問 1.2.1　(1)　微分方程式 (1.2.2) を解け．
(2)　$x = 0$ は微分方程式 (1.2.2) の不安定な平衡状態である．その理由を述べよ．

1.3　単振り子

図 1.2 のような振り子の運動を考えてみよう．長さ r の軽い棒の一端を O に固定し，他端に質量 m のおもりを取り付ける．棒は鉛直面内で O を中心として自由に円運動できるものとする．このとき，鉛直下向きの直線と棒のなす角を θ とすると，おもりの点 P における接線方向の運動方程式は

$$ma = -mg\sin\theta \tag{1.3.1}$$

で与えられる．ここで，a は弧 PH の長さ ℓ が時間とともに変化するときの加

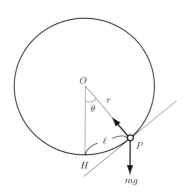

図 **1.2**　単振り子

速度である．r は一定であるから，$\ell = r\theta$ の両辺を t で 2 回微分して

$$a = \ddot{\ell} = r\ddot{\theta}$$

となる．ここで，ドット記号・は t による微分 d/dt を表す記号を意味する．すなわち，

$$\dot{\theta} = \frac{d\theta}{dt}, \qquad \ddot{\theta} = \frac{d^2\theta}{dt^2}$$

である．したがって，角 θ は微分方程式

$$\ddot{\theta} + k \sin\theta = 0, \qquad k = \frac{g}{r} \tag{1.3.2}$$

をみたすことがわかる．また，エネルギー保存則より，おもりの運動エネルギーと位置エネルギーの和は t によらず常に一定になるから，

$$\begin{aligned} E &:= \frac{1}{2} m\dot{\ell}^2 + mgr(1 - \cos\theta) \\ &= \frac{1}{2} m(r\dot{\theta})^2 + mgr(1 - \cos\theta) = const. \end{aligned} \tag{1.3.3}$$

が成り立つことに注意しよう．

　おもりを手で支えていったん静止させた後，おもりから手を離したとき，おもりがどのような運動をするのかを調べてみよう．そのためには，角度 θ だけでなく，おもりの角速度

$$\omega = \frac{d\theta}{dt} = \dot{\theta} \tag{1.3.4}$$

も考える必要がある．例えば，おもりからそっと手を静かに離すことは，そのときのおもりの角速度が 0 であることを意味している．一方，おもりに勢いをつけて手を離すことは，そのときの角速度が大きいことを意味している．手を離したときの角速度の違いによって，その後のおもりの運動が異なることは明らかだろう．つまり，おもりの運動は角度 θ と角速度 ω によって表される．

　角速度 ω の時間変化を見てみよう．(1.3.4) の両辺を t で微分すると，

$$\dot{\omega} = \frac{d}{dt}(\dot{\theta}) = \ddot{\theta}$$

となるから,(1.3.2) より

$$\dot{\omega} = -k\sin\theta$$

である.この式と (1.3.4) を合わせると

$$\begin{cases} \dot{\theta} = \omega \\ \dot{\omega} = -k\sin\theta \end{cases} \tag{1.3.5}$$

を得る.逆に,この第 1 式を第 2 式へ代入して ω を消去すれば,(1.3.2) が得られる.よって,(1.3.2) と (1.3.5) は同値である.このことからも,おもりの運動は角度 θ と角速度 ω の 2 つの未知変数のみたす微分方程式によって記述される 2 次元的な運動であるといえる.以下では (1.3.5) を用いておもりの運動を考える.

おもりの高さが最も低い位置において静かに手を離す場合を考えよう.この場合,おもりは静止したままの状態を保ち続ける(平衡状態).これは,初期条件 $(\theta(0), \omega(0)) = (0, 0)$ をみたす (1.3.5) の解が $(\theta(t), \omega(t)) \equiv (0, 0)$ であることからもわかるだろう.

次に,おもりを最も低い位置からわずかにずれたところで静止させた後にゆっくり手を離す場合を考えよう.この場合,おもりは最も低い位置のまわりでゆっくりとした往復運動(振動)を始めるだろう.これは,$\theta(0), \omega(0)$ がともに十分小さいという初期条件の下で (1.3.5) の解を考えることによって示されるはずである.

エネルギー保存則 (1.3.3) に注意して,

$$H := \frac{1}{2}\omega^2 - k\cos\theta$$

とおく.このとき,

$$\frac{d}{dt}H(\theta(t), \omega(t)) = \omega\dot{\omega} + k(\sin\theta)\dot{\theta} = -k\omega\sin\theta + k\omega\sin\theta = 0$$

が成り立つ.よって,H は t によらず常に一定であり,

$$\frac{1}{2}\omega^2(t) - k\cos\theta(t) = const. \tag{1.3.6}$$

が成り立つ．$\theta(0), \omega(0)$ がともに十分小さいとき，$\theta(t), \omega(t)$ も十分小さいと考えて近似式 $\cos\theta \fallingdotseq 1 - \theta^2/2$ を用いれば，上式の左辺は

$$\frac{1}{2}\omega^2(t) - k\cos\theta(t) \fallingdotseq \frac{1}{2}\omega^2(t) + \frac{k}{2}\theta^2(t) - k$$

のように近似される．よって，(1.3.6) の描く閉曲線は $(\theta, \omega) = (0, 0)$ のまわりで楕円 $k\theta^2 + \omega^2 = const.$ に近い形であることがわかる．

以上より，十分小さい初期値から出発する (1.3.5) の解は $(\theta, \omega) = (0, 0)$ のまわりの小さい楕円状の閉曲線上を回り続け，$(\theta, \omega) = (0, 0)$ の付近に留まり続けることがわかる．したがって，おもりが最も低い位置で静止した状態 $(\theta, \omega) = (0, 0)$ は安定な平衡状態であると考えてよいだろう．

一方，おもりを最も高い位置で静止させた後，手を静かに離す場合でもおもりはずっと静止し続けると思われる．このことは，初期条件 $(\theta(0), \omega(0)) = (\pi, 0)$ をみたす (1.3.5) の解が $(\theta(t), \omega(t)) \equiv (\pi, 0)$ であることからもわかるだろう．しかし，この場合は，手がわずかに震えたり風が吹いたりしてしまえば，おもりは直ちに最も高い位置から離れていき，勢いよく振動し始めるだろう．それゆえ，おもりが最も高い位置で静止した状態 $(\theta, \omega) = (\pi, 0)$ は不安定な平衡状態であると考えられる．

注意 1.3.1 現実の単振り子では，おもりは棒と回転軸の間の摩擦や空気抵抗などにより，だんだんと運動の勢いを失っていき，いずれは最も低い位置で静止するだろう．このような場合は，(1.3.1) に抵抗力 F を付け加えた運動方程式

$$mr\ddot{\theta} = -mg\sin\theta + F$$

を考える．ただし，抵抗力 F はおもりの運動方向と逆向きに

$$F = -\mu\dot{\ell} = -\mu r\dot{\theta} \quad (\mu \text{ は比例定数})$$

で与えられると仮定する．$\nu = \mu/m$ とおくと，上の運動方程式は

$$\begin{cases} \dot{\theta} = \omega \\ \dot{\omega} = -k\sin\theta - \nu\omega \end{cases} \tag{1.3.7}$$

の形に書き直すことができ,

$$\lim_{t\to\infty}(\theta(t),\omega(t)) = \lim_{t\to\infty}(\theta(t),\dot\theta(t)) = 0 \tag{1.3.8}$$

が成り立つことが示される.すなわち,最終的におもりは最も低い位置で静止した状態に落ち着く.

問 1.3.2 (1) 近似式 $\sin\theta \fallingdotseq \theta$ を用いて,(1.3.7) を $(\theta,\omega)=(0,0)$ のまわりで近似した方程式をつくれ.
(2) (1) で求めた方程式の解 $(\theta(t),\omega(t))$ に対して

$$\frac{d}{dt}(k\theta^2(t)+\omega^2(t)) = -2\nu\omega^2(t) \leq 0$$

が成り立つことを示せ.これは,(1.3.8) が成り立つことを示唆する.

1.4 化学反応に現れる振動

1.4.1 化学反応の速度

化学反応とは,分子を構成している原子が組み替わり,新しい別の分子構造をもつことである.例えば,

$$H_2 + I_2 \longrightarrow 2HI$$

という化学反応では,水素分子 H_2 とヨウ素分子 I_2 を構成している水素原子 H とヨウ素原子 I が組み替わり,ヨウ化水素分子 HI が 2 つ構成される.

化学反応において,原子間の結合を切断し別の原子と結合させるために必要なエネルギーを活性化エネルギーという.運動している分子同士が衝突することによって得られるエネルギーが活性化エネルギー以上になったとき,分子は活性化状態になり原子の組み替えが生じ化学反応が起こる.

化学反応の速度は,単位時間あたりに反応する物質の濃度によって定義される.例えば,化学反応

$$A + B \longrightarrow C$$

における反応速度 v は

$$v = -\frac{d[A]}{dt} = -\frac{d[B]}{dt} = \frac{d[C]}{dt}$$

で定義される．ここで，$[A], [B], [C]$ は反応物質 A, B と生成物質 C の濃度を表す．

一方，化学反応の速度は，反応物質の分子同士が衝突する回数に依存しており，反応物質の濃度の積に比例していると考えられる．したがって，

$$v = k_1[A][B]$$

が成り立つ．ここで，k_1 は反応速度定数とよばれる．以上より，次の微分方程式を得る．

$$\frac{d[A]}{dt} = -k_1[A][B], \qquad \frac{d[B]}{dt} = -k_1[A][B], \qquad \frac{d[C]}{dt} = k_1[A][B]$$

同様に，化学反応

$$2A \xrightarrow{k_2} C \quad (k_2 \text{ は反応速度定数})$$

においては，（先の化学反応において $B = A, k_1 = k_2$ と考えて）

$$\frac{d[A]}{dt} = -k_2[A]^2, \qquad \frac{d[C]}{dt} = k_2[A]^2$$

が成り立つことがわかる．

1.4.2 ブリュセレーター

化学反応のうちには，物質の濃度が時間とともに周期的に変化（振動）するものがある．1951年にロシアの生物物理学者ベルゾフは，生物のエネルギー代謝における最も基本的な反応系であるトリカルボン酸サイクル（クエン酸回路）の研究として，触媒を用いてクエン酸を酸化する実験を行っているうちに，酸化還元反応が繰り返し起こる現象を発見した．クエン酸，硫酸セリウム，臭素酸カリウムを希硫酸に溶かした水溶液において，セリウムイオンが4価（黄色）と3価（無色）の間で周期的に変化するのである．しかし，このような周期的な現象を報告したベルゾフの論文はどの学会誌にも掲載されなかった．その当時，化学反応は最終的な平衡状態に向かって進行していくだけであると考えられていたからである．その後，同じロシアの化学者ジャボチンスキーは，

ベルゾフの実験の追試を行うとともに，振動反応がより明確に現れる実験系を確立した．この反応はベルゾフ・ジャボチンスキー反応とよばれている．

ベルゾフ・ジャボチンスキー反応のメカニズムは大変複雑である．ベルギーのブリュセル大学のプリゴジン学派は，実際の反応メカニズムとは異なるが，振動反応の本質を抽出したモデルを考え出した．それは，ブリュセレーターとよばれる次のような反応系である．

$$A \xrightarrow{k_1} X$$
$$B + X \xrightarrow{k_2} Y + D$$
$$2X + Y \xrightarrow{k_3} 3X$$
$$X \xrightarrow{k_4} E$$

これは，原料となる A, B が X, Y を経て，最終的に D, E となる反応である．A, B は過剰に存在しているか，あるいは連続的に供給されており，一定濃度に保たれているとする．また，生成された D, E は取り去られ，逆反応は起こらないものとする．このとき，k_1, k_2, k_3, k_4 を反応速度定数とすれば，X と Y の濃度の時間変化は次の微分方程式で与えられる．

$$\begin{cases} \dfrac{dX}{dt} = k_1 A - k_2 B X + k_3 X^2 Y - k_4 X \\ \dfrac{dY}{dt} = k_2 B X - k_3 X^2 Y \end{cases} \quad (1.4.1)$$

ここで，変数変換

$$t = \frac{\tau}{k_4}, \quad X = \sqrt{\frac{k_4}{k_3}}\, x, \quad Y = \sqrt{\frac{k_4}{k_3}}\, y$$

を行い，

$$\frac{k_1}{k_4}\sqrt{\frac{k_3}{k_4}} A = a, \quad \frac{k_2}{k_4} B = b,$$

とおくと，上の方程式は

$$\begin{cases} \dfrac{dx}{d\tau} = a - (b+1)x + x^2 y \\ \dfrac{dy}{d\tau} = bx - x^2 y \end{cases} \quad (1.4.2)$$

のように書き直すことができる．(1.4.1) には6つのパラメータが含まれているのに対し，(1.4.2) にはわずか2つのパラメータしか含まれていないことに注意しよう．このようにして，方程式に含まれるパラメータの個数を少なくすることを方程式の無次元化という．

(1.4.2) の平衡状態を調べよう．平衡状態とは時間が経過しても全く変化しない状態を意味するから，

$$\frac{dx}{d\tau} = \frac{dy}{d\tau} = 0$$

すなわち，

$$a - (b+1)x + x^2 y = 0, \quad bx - x^2 y = 0$$

をみたす (x, y) が平衡状態を与える．これを解くと，

$$(x, y) = \left(a, \frac{b}{a}\right)$$

を得る．したがって，(1.4.2) の平衡状態は $(x, y) = (a, b/a)$ である．

次に，コンピュータを利用して方程式を解いて，パラメータの値を変化させたときに平衡状態 $(a, b/a)$ の安定性が変化する様子を調べよう．簡単のため，a の値を $a = 1$ に固定し，b の値を $b = 0$ から少しずつ増加させる．

図1.3と図1.4は，方程式 (1.4.2) を数式処理ソフトウェア Mathematica を用いて数値計算した結果である．反応が始まる時点において，物質 X, Y は存

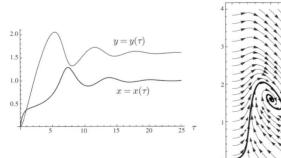
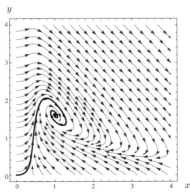

図 1.3 $a = 1.0, b = 1.6$ のとき，解は $(a, b/a)$ に収束する．平衡状態 $(a, b/a)$ は安定．

14 第 1 章 現象と微分方程式

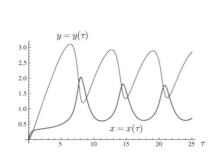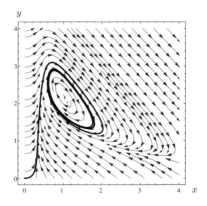

図 1.4 $a = 1.0, b = 2.2$ のとき，解は振動する．平衡状態 $(a, b/a)$ は不安定．

在していないものとして，初期値は $x(0) = y(0) = 0$ とした．左側の図は，横軸に τ の値，縦軸に x および y の値をとったものであり，x と y の値が時間とともに変化していく様子を表す．一方，右側の図は，横軸に x の値，縦軸に y の値をとったものであり，解 $(x(\tau), y(\tau))$ が xy 平面上に描く曲線（軌道）を表す．平衡状態 $(a, b/a) = (1, b)$ は xy 平面上の 1 点であり，一定の周期で振動する解は xy 平面上の閉曲線（周期軌道）で表される．

図 1.3 において，$(0, 0)$ から出発する解は時間が経つにつれて平衡状態 $(1, b)$ に近づいていく．また，他の初期値から出発する解であっても，時間とともに平衡状態 $(1, b)$ に近づいていくことが同様の数値計算によって確かめられる．よって，平衡状態 $(1, b)$ は安定である．このことは，化学反応が最終的な平衡状態に向かって進行していくことを示唆している．

一方，図 1.4 においては，$(0, 0)$ から出発する解は時間とともに $(1, b)$ に近づくのではなく，ある周期軌道に巻き付くように近づく．また，どんな初期値から出発する解であっても，時間が経つにつれてこの周期軌道に近づくことが同様の数値計算によって確かめられる．よって，平衡状態 $(1, b)$ は不安定であるが，この周期軌道は安定である．このことは，振動的な化学反応が生じることを示唆している．

他のパラメータ値に対しても同様の数値計算を行うことができ，得られた結果は次のようにまとめられる．

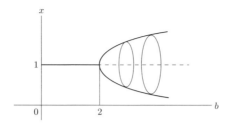

図 1.5 平衡状態が不安定化し，安定な振動状態が出現する．

- $0 < b < 2$ のとき，どんな初期値から出発する解であっても $(1, b)$ に収束する．したがって，平衡状態 $(1, b)$ は安定である．
- $b > 2$ のとき，どんな初期値から出発する解であっても $(1, b)$ に収束せず，しばらく時間が経過した後に一定の周期で振動する（周期軌道に近づく）．振動の大きさ（振幅）は b の値が 2 から離れるにつれて大きくなる．したがって，平衡状態 $(1, b)$ は不安定であり，出現した周期軌道（振動状態）は安定である．

パラメータ b の値を $b = 0$ から少しずつ増加させていくと，平衡状態 $(1, b)$ は $b = 2$ を境にして不安定化し，別の安定な周期軌道が出現する．この周期軌道は，パラメータ b の値を連続的に増加させていくとき，$b = 2$ を境にして平衡状態 $(1, b)$ から新たに派生したものであるといえるだろう．その様子は，図 1.5 のようなイメージ図を書いてみると理解しやすいかもしれない．このように，微分方程式に含まれているパラメータの値を連続的に変化させていくとき，もともと安定であった平衡状態が不安定化し，全く別の新しい安定な平衡状態や周期軌道が出現するような現象を分岐現象という．

注意 1.4.1 第 3 章で学ぶように，分岐現象には様々なタイプのものがある．例えば，全く何もない状態から安定な平衡状態と不安定な平衡状態がペアとなって出現するものもある．

参考 1.4.2 図 1.4 を作成した Mathematica (ver.9) のコマンド入力は以下の通りである．

```
In[1]:= s1 = NDSolve[ {x'[t] == 1.0 - 3.2*x[t] + x[t]^2*y[t],
                      y'[t] == 2.2*x[t] - x[t]^2*y[t],
                      x[0] == 0, y[0] == 0}, {x, y}, {t,50} ]

In[2]:= p1 = Plot[ Evaluate[ {x[t], y[t]} /. s1], {t, 0, 25},
                                       PlotRange -> All ]

In[3]:= p2 = StreamPlot[ {1.0 - 3.2*x + x^2*y, 2.2*x - x^2*y},
                                       {x, 0, 4}, {y, 0, 4} ]

In[4]:= p3 = ParametricPlot[ Evaluate[ {x[t], y[t]} /. s1],
                    {t, 0, 25}, PlotStyle -> Thickness[0.008] ]

In[5]:= p4 = Show[p2, p3]

In[6]:= GraphicsRow[ {p1, p4} ]
```

問 **1.4.3** (1.4.1) から (1.4.2) を導け.

問 **1.4.4** $a=1$ のとき，微分方程式 (1.4.2) の解のふる舞いが b の値に応じて変化する様子を，コンピュータを用いた数値計算によって調べよ．また，他の a の値についても同様に調べてみよ．

第2章

安定性

　この章では，微分方程式の解が時間とともに変化していく様子を調べるときの基本的な考え方を説明する．まず，微分方程式によって定義される流れとベクトル場の概念を説明した後，平衡点の安定性，周期解の安定性について述べる．次に，平衡点のまわりで微分方程式の解のふる舞いを調べるときに役立つ中心多様体とその上の流れについて説明した後，不変集合，安定多様体，不安定多様体などの重要な概念を述べ，いくつかの具体例を通して2次元常微分方程式の相平面解析を取り扱う．また，保存系と勾配系の概念を述べた後，リアプノフ関数を用いる安定性解析の方法を説明する．ここでは，主に2次元の常微分方程式を扱うが，一般の n 次元常微分方程式の場合も同様に考えていくことができる．なお，この章で扱う関数は十分滑らか（無限回微分可能）であるとする．

2.1 流れとベクトル場

2.1.1 1次元直線上の流れ

　x 軸上を運動する点 P がある．時刻 t における点 P の x 座標を $x(t)$ で表す．$x(t)$ が微分方程式

$$\frac{dx}{dt} = x - x^3 \tag{2.1.1}$$

に従うとき，点 P は x 軸上でどのように運動しているかを調べよう．

　この問題は，微分方程式を具体的に解けば解決できる．しかし，ここでは方程式を解かずに考えてみよう．

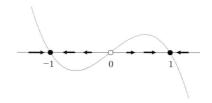

図 2.1 $f(x)$ のグラフと x 軸上の流れ

$$f(x) = x - x^3$$

とおいて，図 2.1 のように $f(x)$ のグラフを書いてみる．

今，点 P は $0 < x < 1$ 上にあるものとし，その x 座標を p とする．このとき，$x = p$ における点 P の速度は，$f(x)$ のグラフより

$$\left.\frac{dx}{dt}\right|_{x=p} = f(p) > 0$$

である．例えば，$x = 1/2$ のときは

$$\left.\frac{dx}{dt}\right|_{x=1/2} = f\left(\frac{1}{2}\right) = \frac{1}{2} - \left(\frac{1}{2}\right)^3 = \frac{3}{8} > 0$$

であるから，$x = 1/2$ における点 P の速度は右向き（x 軸の正の方向）でその大きさ（速さ）は $3/8$ である．したがって，点 P が $0 < x < 1$ 上にあるとき，点 P は右方向に移動しようとするだろう．同様に考えると，点 P が $x < -1$ にあるときは，点 P は右方向に，$-1 < x < 0$ または $x > 1$ にあるときは，左方向に移動しようとすることがわかる．このことは，x 軸上の各点 $x = p$ において，$x = p$ における点 P の速度ベクトル

$$\left.\frac{dx}{dt}\right|_{x=p} = f(p)$$

を記入していくと視覚的にわかりやすくなる（図 2.1）．この図から，x 軸上に風の流れがあり，点 P が風に沿って流されていく様子を想像してみるとよいだろう．x 軸上の各点におけるベクトルは，その点における風の向きと大きさを表すベクトルである．$x < -1$ または $0 < x < 1$ においては，右向きの風に

沿う流れがあり，$-1 < x < 0$ または $x > 1$ においては，左向きの風に沿う流れがある．$x = \pm 1$ または $x = 0$ のときは，$f(x) = 0$ より

$$\left.\frac{dx}{dt}\right|_{x=1} = \left.\frac{dx}{dt}\right|_{x=-1} = \left.\frac{dx}{dt}\right|_{x=0} = 0$$

となる．このことは，$x = \pm 1$ または $x = 0$ においては，風の流れがないことを意味している．したがって，点 P がこれら 3 点の上にあれば，点 P は左右どちらの方向に動くこともなく静止し続けるだろう．このような意味で，$x = \pm 1$ と $x = 0$ を (2.1.1) の平衡点という．

図 2.1 を見ると，点 P が平衡点 $x = 1$ の近くから出発する場合，点 P は時間が経つにつれて $x = 1$ に近づいていくことがわかる．同様に，点 P が平衡点 $x = -1$ の近くから出発する場合は，時間が経つにつれて $x = -1$ に近づく．また，点 P が平衡点 $x = 0$ の近くから出発する場合は，時間が経つにつれて $x = 0$ から遠ざかる．それゆえ，$x = 1$ と $x = -1$ は (2.1.1) の安定な平衡点とよばれる．一方，$x = 0$ は不安定な平衡点である．

注意 2.1.1 平衡点の近くから出発する解が，有限時間内で平衡点に到達することはあるのだろうか？ 例えば，$x = 1$ の近くで，1 よりも小さい初期値から出発する解が，$t = T$ で初めて $x = 1$ に到達したと仮定し，その解を $\tilde{x}(t)$ としよう．すなわち，

$$0 < \tilde{x}(t) < 1 \quad (0 \leq t < T), \quad \tilde{x}(T) = 1$$

であるとする．$\tilde{x}(t)$ は (2.1.1) をみたすから，

$$\frac{d\tilde{x}}{dt} > 0 \quad (0 < \tilde{x} < 1), \quad \frac{d\tilde{x}}{dt} < 0 \quad (\tilde{x} > 1) \tag{2.1.2}$$

が成り立つ．いま，ある $t_1 > T$ において，$\tilde{x}(t_1) > 1$ になると仮定する．$\tilde{x}(t)$ は連続かつ微分可能であるから，$\tilde{x}(t_1) > \tilde{x}(T) = 1$ より

$$\frac{d\tilde{x}}{dt}(c) > 0, \quad \tilde{x}(c) > \tilde{x}(T) = 1$$

をみたす $T < c < t_1$ が存在する．これは (2.1.2) に反する．よって，$t > T$ において，$\tilde{x}(t) \leq 1$ でなければならない．同様に考えると，$t > T$ において，

$\tilde{x}(t) \geq 1$ でなければならない.したがって,$\tilde{x}(t)$ は

$$0 < \tilde{x}(t) < 1 \quad (0 \leq t < T), \quad \tilde{x}(t) \equiv 1 \quad (t \geq T)$$

をみたす (2.1.1) の解である.よって,$\tilde{x}(t)$ は $t = T$ のとき値が 1 であるという初期条件をみたす (2.1.1) の解である.一方,$x(t) \equiv 1$ $(t \geq 0)$ も同じ初期条件をみたす (2.1.1) の解である.このことは,初期条件 $x(T) = 1$ をみたす (2.1.1) の解が 2 つあることを意味しており,微分方程式の解の一意性に反する.以上より,平衡点の近くから出発する解が,有限時間内に平衡点に到達することはありえない.

滑らかな関数で定義される一般の微分方程式についても,平衡点以外の点から出発する解が有限時間内で平衡点に到達することはありえない.それは,微分方程式の初期値問題の解の存在と一意性を保証する定理(付録 B.1)によって示される.

注意 2.1.2 正確には,$x = 1$ と $x = -1$ は (2.1.1) の漸近安定な平衡点である.平衡点の安定性の定義については,後で改めて与える.

以上の考察を,一般的な 1 次元の微分方程式

$$\frac{dx}{dt} = f(x) \tag{2.1.3}$$

の場合に即してまとめよう.

(2.1.3) の解 $x = x(t)$ は x 軸上を運動する点 P の時刻 t における位置を表すと考える.このとき,次の性質が成り立つ.

- $f(x) > 0$ となる x において,点 P は右向きに移動しようとする.すなわち,$x = x(t)$ の値は時間とともに増加する.
- $f(x) < 0$ となる x において,点 P は左向きに移動しようとする.すなわち,$x = x(t)$ の値は時間とともに減少する.

一方,$f(x) = 0$ となる x において,点 P は静止し続ける.

[定義 2.1.3] $f(p) = 0$ をみたす p を (2.1.3) の平衡点という.

p が (2.1.3) の平衡点であるとき，定数関数 $x(t) \equiv p$ は (2.1.3) をみたすので，時間とともに変化することのない解である．

[**定義 2.1.4**] (2.1.3) の平衡点 p の十分近くから出発するすべての解が常に p の近くにとどまるとき，p は安定であるという．このとき，さらに，p の十分近くから出発するすべての解が p に収束する（時間とともに p に限りなく近づく）ならば，p は漸近安定であるという．また，p が安定でないとき，p は不安定であるという．

注意 2.1.5 上の定義は数学的に厳密でない．（空間 2 次元の場合ではあるが）厳密な定義は，参考 2.2.2 のように与えられる．

定理 2.1.6 p が (2.1.3) の平衡点であるとき，$f'(p) < 0$ ならば p は漸近安定であり，$f'(p) > 0$ ならば p は不安定である．

証明 $f'(p) < 0$ とする．このとき，$x = p$ のまわりで，$x < p \implies f(x) > 0$ および $x > p \implies f(x) < 0$ が成り立つから，(2.1.3) の解の性質より，$x = p$ の近くから出発する解は平衡点 p に収束する．同様に，$f'(p) > 0$ のとき，$x = p$ の近くから出発する解は平衡点 p から離れていくことがわかる． □

注意 2.1.7 (2.1.3) の解が平衡点に近づいていく様子を別の見方で調べておこう．p が (2.1.3) の平衡点であるとき，$f(p) = 0$ であるから，$f(x)$ を $x = p$ のまわりでテイラー展開すると

$$f(x) = f'(p)(x-p) + O((x-p)^2)$$

となる．したがって，(2.1.3) に対して変数変換 $z = x - p$ を行い，$O(z^2)$ の項を無視すると，$x = p$ のまわりで (2.1.3) を 1 次近似した方程式（線形化方程式）

$$\frac{dz}{dt} = \alpha z, \quad \alpha = f'(p)$$

を得る．これを解いて $x = p + z$ を用いると

$$x = p + Ce^{\alpha t}$$

となる．よって，p の十分近くから出発する (2.1.3) の解は $\alpha < 0$ ならば指数

関数的に p に近づき，$\alpha > 0$ ならば指数関数的に p から遠ざかることがわかる．この見方は，定理 2.1.6 を 2 次元以上の微分方程式の場合に拡張するときに役立つ．

問 2.1.8 微分方程式 (2.1.1) の平衡点 $x = 0$ と $x = -1$ のまわりの線形化方程式を求めよ．

問 2.1.9 微分方程式 (2.1.1) の解で，初期条件 $x(0) = x_0$ をみたすものを $x(t; x_0)$ で表す．$\lim_{t \to \infty} x(t; x_0)$ を求めよ（x_0 の値によって分類せよ）．

問 2.1.10 微分方程式 $dx/dt = \sin x$ の平衡点をすべて求めよ．また，その安定性を調べよ．

2.1.2 2 次元平面上の流れ

前節で述べた考え方は，2 次元平面上を運動する点の場合に拡張することができる．一般的な 2 次元の微分方程式

$$\begin{cases} \dfrac{dx}{dt} = f(x, y) \\ \dfrac{dy}{dt} = g(x, y) \end{cases} \tag{2.1.4}$$

の解 $(x, y) = (x(t), y(t))$ は xy 平面上を運動する点の時刻 t における位置を表していると考えられる．

xy 平面上の各点 (x, y) において，ベクトル

$$\mathbf{v}(x, y) = (f(x, y), g(x, y))$$

を図 2.2 のように記入して，xy 平面上の各点 (x, y) にベクトル $\mathbf{v}(x, y)$ を割り当てる．このようにして得られる xy 平面上にまんべんなく散りばめられたベクトルの全体を xy 平面上のベクトル場という．

xy 平面上のベクトル場は，xy 平面上で吹いている風のような流れを表したものである．各点 (x, y) におけるベクトル $\mathbf{v}(x, y)$ が，その点における流れの向きと大きさを表す流れの速度ベクトルである．とくに，$\mathbf{v}(x, y) = 0$ すなわち $f(x, y) = g(x, y) = 0$ をみたす点 (x, y) は流れが静止している点であり，平衡点とよばれる．

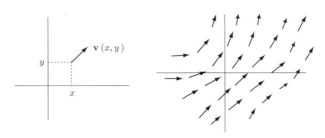

図 2.2 ベクトル場

微分方程式の解とは，ベクトル場によって表される流れに沿って自然に流されていく点であるとみなすことができる．例えば，初期条件 $(x(0), y(0)) = (x_0, y_0)$ をみたす (2.1.4) の解とは，$t = 0$ のときに (x_0, y_0) にあった点が時間とともに流されていくときの点の運動（点が描く軌跡）である（図 2.3）．実際，時刻 t における点の位置が $(x, y) = (x(t), y(t))$ で与えられているとき，その点の速度ベクトル $(v_x(t), v_y(t))$ が流れの速度ベクトルに等しいとすれば

$$\begin{cases} v_x(t) = f(x(t), y(t)) \\ v_y(t) = g(x(t), y(t)) \end{cases}$$

である．一方，速度ベクトルの定義より

$$(v_x(t), v_y(t)) = (dx(t)/dt,\ dy(t)/dt)$$

である．上の2式を比べれば，微分方程式 (2.1.4) を得る．

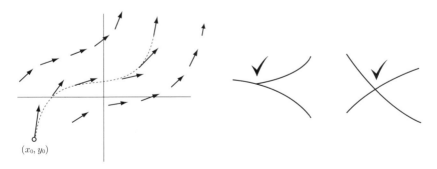

図 2.3　微分方程式の解軌道　　図 2.4　解軌道は枝分かれしたり，交差したりしない．

微分方程式の解を，解軌道あるいは解曲線ということもある．解軌道は途中で枝分かれしたり，他の解軌道と交差したりすることはない（図 2.4）．このことは，微分方程式の解の存在と一意性に関する定理（付録 B.1）によって保証されている．

注意 2.1.11 解の流れと同じような意味で使用される用語に「ダイナミクス」がある．辞書で調べると「動態」と訳されており，例えば生態学では「個体群動態」という用語が使用されている．一方，数学ではダイナミクスという単語を和訳せず，「微分方程式の解のダイナミクス」というような感じで使用している．流れという用語と異なり，ダイナミクスという用語の正確な定義はないと思われるが，解の流れとそれを生み出すメカニズムを包括的に意味する用語として使用されている．

微分方程式の解のふる舞いは，対応するベクトル場によって表される流れの様子を調べることによって理解できる．以下では，具体的な例を通してそのことを説明しよう．

■ **例題 2.1.12** 次の微分方程式の解のふる舞いを（大まかに）調べよ．

$$\begin{cases} \dfrac{dx}{dt} = x - x^3 - y \\ \dfrac{dy}{dt} = 3x - 2y \end{cases} \tag{2.1.5}$$

解 $f(x,y) = x - x^3 - y$, $g(x,y) = 3x - 2y$ とおく．まず，平衡点を求める．$f(x,y) = g(x,y) = 0$ より，$x - x^3 - y = 0$, $3x - 2y = 0$ である．この連立方程式を解くと $(x,y) = (0,0)$ を得る．よって，平衡点は $(x,y) = (0,0)$ である．

次に，$f(x,y) = 0$ と $g(x,y) = 0$ で定義される曲線を調べる．$f(x,y) = 0$ と $g(x,y) = 0$ より $y = x - x^3$ と $y = 3x/2$ である．この 2 つの曲線（直線）を用いると，xy 平面を図 2.5 のような 9 つの部分に分けることができ，xy 平面上の流れの大まかな様子を知ることができる．例えば，A_1 上の各点においては，

$$\frac{dx}{dt} = f(x,y) = 0, \qquad \frac{dy}{dt} = g(x,y) > 0$$

であるから，流れの速度ベクトルは上向きである．

記号	定義式	流れの向き
A_0	$f(x,y)=0,\ g(x,y)=0$	なし（平衡点）
A_1	$f(x,y)=0,\ g(x,y)>0$	上
A_2	$f(x,y)=0,\ g(x,y)<0$	下
A_3	$f(x,y)>0,\ g(x,y)=0$	右
A_4	$f(x,y)<0,\ g(x,y)=0$	左
B_1	$f(x,y)>0,\ g(x,y)>0$	斜め右上
B_2	$f(x,y)>0,\ g(x,y)<0$	斜め右下
B_3	$f(x,y)<0,\ g(x,y)>0$	斜め左上
B_4	$f(x,y)<0,\ g(x,y)<0$	斜め左下

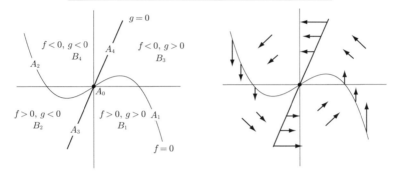

図 2.5 xy 平面上の流れの大まかな様子

図 2.5 より，微分方程式 (2.1.5) で定義される流れは，原点（平衡点）を中心として左回りに回転しているように見える．しかし，この図は大まかなものであって，回転しながら原点に近づいていく流れなのか，離れていく流れなのか，もしくはそのどちらでもないのかということまではわからない．原点のまわりの流れの様子を詳しく知るためには，次節で述べるように，原点（平衡点）の安定性を調べなければならない． □

注意 2.1.13 xy 平面上の点を数多く選び，その点における流れの速度ベクトルを（向きと大きさを正確に測って）丹念に記入していくことができれば，微分方程式で定義される流れは視覚的に理解できるだろう．これは人間には難しい作業だが，コンピュータを利用すれば容易にできる．図 2.6（右）は数式処理ソフトウェア Mathematica の StreamPlot コマンド（前章の参考 1.4.2）を用いて書いた (2.1.5) の流れであり，半時計回りに回転しながら原点に近づいていく様子がわかる．これより，(2.1.5) の解 $(x(t), y(t))$ の各成分は，図 2.6

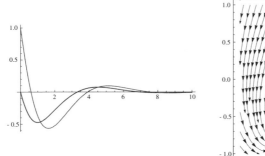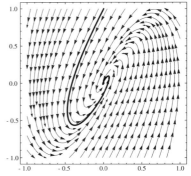

図 2.6 (2.1.5) の原点付近の流れ

(左) のように振動しながら 0 に収束することがわかる．

2 階の微分方程式

$$\ddot{x} = f(x, \dot{x}) \qquad \left(ただし, \dot{x} = \frac{dx}{dt}, \ddot{x} = \frac{d^2x}{dt^2}\right) \tag{2.1.6}$$

は，$y = \dot{x}$ とおくと，

$$\dot{y} = \frac{dy}{dt} = \frac{d}{dt}\left(\frac{dx}{dt}\right) = \ddot{x} = f(x, \dot{x}) = f(x, y)$$

であるから，2 次元の微分方程式

$$\begin{cases} \dot{x} = y \\ \dot{y} = f(x, y) \end{cases} \tag{2.1.7}$$

に変換される．したがって，2 階微分方程式 (2.1.6) の解のふる舞いを，2 次元の微分方程式 (2.1.7) によって定義される xy 平面上の流れを調べることによって理解することができる．

問 2.1.14 2 階微分方程式 $\ddot{x} + (1 + x^2)\dot{x} + x = 0$ を 2 次元の微分方程式に変換せよ．また，変換された 2 次元の微分方程式の解のふる舞いを（大まかに）調べよ．

2.1.3 n 次元空間上の流れ

n 次元の微分方程式

$$\begin{cases} \dfrac{dx_1}{dt} = f_1(x_1, x_2, \cdots, x_n) \\ \dfrac{dx_2}{dt} = f_2(x_1, x_2, \cdots, x_n) \\ \quad\quad \vdots \\ \dfrac{dx_n}{dt} = f_n(x_1, x_2, \cdots, x_n) \end{cases} \tag{2.1.8}$$

についても,n 次元空間 $\mathbf{R}^n$ 上のベクトル場を考えることができる.しかし,次元が高くなるとベクトル場によって表される流れの様子を把握することは難しくなる.

n 次元の微分方程式 (2.1.8) は,ベクトル記号を用いて

$$\dot{\mathbf{x}} = \mathbf{f}(\mathbf{x})$$

のように表されることもある.ここで,

$$\mathbf{x} = (x_1, x_2, \cdots, x_n), \quad \mathbf{f}(\mathbf{x}) = (f_1(\mathbf{x}), f_2(\mathbf{x}), \cdots, f_n(\mathbf{x}))$$

であり,ドット記号 $\cdot$ は d/dt を表す.これらの記号を用いることによって紙面上のスペースを節約することができる.

n 階の微分方程式

$$\frac{d^n x}{dt^n} = f\left(x, \frac{dx}{dt}, \cdots, \frac{d^{n-1}x}{dt^{n-1}}\right)$$

に対しても

$$x_1 = x, \quad x_2 = \frac{dx}{dt}, \quad \cdots, \quad x_n = \frac{d^{n-1}x}{dt^{n-1}}$$

とおくことにより,n 次元の微分方程式

$$\begin{cases} \dot{x}_1 = x_2 \\ \dot{x}_2 = x_3 \\ \quad \vdots \\ \dot{x}_n = f(x_1, x_2, \cdots, x_n) \end{cases}$$

へ変換することができる．したがって，n 階微分方程式の解のふる舞いは，n 次元微分方程式の定義する $\mathbf{R}^n$ 上の流れを調べることによって理解できる．

注意 2.1.15 $\dot{\mathbf{x}} = \mathbf{f}(\mathbf{x}, t)$ のように，（ベクトル値）関数 $\mathbf{f}$ に時刻を表す変数 t が陽に（直接的に）含まれる微分方程式を非自励系という．一方，(2.1.8) のように関数 $\mathbf{f}$ に変数 t が陽に含まれないものを自励系という．非自励系の n 次元の微分方程式 $\dot{\mathbf{x}} = \mathbf{f}(\mathbf{x}, t)$ は，$t = \tau$ とおくと

$$\dot{\mathbf{x}} = \frac{d\mathbf{x}}{dt} = \frac{d\mathbf{x}}{d\tau}, \qquad \frac{dt}{d\tau} = 1$$

であるから，自励系の $n+1$ 次元の微分方程式

$$\begin{cases} \dfrac{d\mathbf{x}}{d\tau} = \mathbf{f}(\mathbf{x}, t) \\ \dfrac{dt}{d\tau} = 1 \end{cases}$$

に変換される．ただし，この方程式において，時刻を表す変数は τ である．したがって，非自励系の微分方程式の解のダイナミクスを調べる問題は，自励系の微分方程式の解のダイナミクスを調べる問題に帰着される．本書では，自励系の微分方程式のみを扱う．

2.2 平衡点の安定性

この節では，微分方程式の平衡点の安定性について考察する．簡単のため，主に 2 次元の微分方程式について話を進めるが，一般の n 次元の場合であっても同様に考えていくことができる．

2 次元の微分方程式

$$\begin{cases} \dot{x} = f(x, y) \\ \dot{y} = g(x, y) \end{cases} \tag{2.2.1}$$

が与えられているとする．このとき，

$$f(p, q) = g(p, q) = 0$$

をみたす $\mathbf{x}^* = (p, q)$ を (2.2.1) の平衡点という．

2.2 平衡点の安定性

[定義 2.2.1] (2.2.1) の平衡点 $\mathbf{x}^*$ の十分近くから出発するすべての解が常に $\mathbf{x}^*$ の近くにとどまるとき，$\mathbf{x}^*$ は安定であるという．このとき，さらに，$\mathbf{x}^*$ の十分近くから出発するすべての解が $\mathbf{x}^*$ に収束する（時間とともに $\mathbf{x}^*$ に限りなく近づく）ならば，$\mathbf{x}^*$ は漸近安定であるという．また，$\mathbf{x}^*$ が安定でないとき，$\mathbf{x}^*$ は不安定であるという．

参考 2.2.2 上の定義を数学的に厳密に述べると，次のようになる．

- (2.2.1) の平衡点 $\mathbf{x}^*$ が安定であるとは，任意の $\varepsilon > 0$ に対して，ある $\delta > 0$ が存在して，$||\mathbf{x}_0 - \mathbf{x}^*|| < \delta$ ならば $||\mathbf{x}(t;\mathbf{x}_0) - \mathbf{x}^*|| < \varepsilon \ (t \geq 0)$ が成り立つときをいう．ここで，$\mathbf{x}(t;\mathbf{x}_0)$ は初期条件 $\mathbf{x}(0) = \mathbf{x}_0$ をみたす (2.2.1) の解である．このとき，さらに，$\lim_{t\to\infty} \mathbf{x}(t;\mathbf{x}_0) = \mathbf{x}^*$ が成り立てば，$\mathbf{x}^*$ は漸近安定であるという．また，$\mathbf{x}^*$ が安定でないとき，$\mathbf{x}^*$ は不安定であるという．ここで，$||\ ||$ は $\mathbf{R}^2$ 上のノルムであり，$||\mathbf{x}|| = \max_{1 \leq j \leq 2} |x_j|$ で定義される．

注意 2.2.3 混乱が生じる可能性がなければ，漸近安定な平衡点を簡単に安定な平衡点ということもある．また，安定ではあるが，漸近安定でない平衡点を中立安定な平衡点ということもある．本書では，中立安定性を強調したいときにこの用語を用いる．

2.2.1 定数係数線形微分方程式

微分方程式

$$\begin{cases} \dot{x} = ax + by \\ \dot{y} = cx + dy \end{cases} \tag{2.2.2}$$

の定義する xy 平面上の流れを考える．原点 $(0,0)$ がこの方程式の平衡点であることは明らかである．また，

$$A = \begin{pmatrix} a & b \\ c & d \end{pmatrix}, \qquad \mathbf{x} = \begin{pmatrix} x \\ y \end{pmatrix} \tag{2.2.3}$$

とおくと，(2.2.2) は単に $\dot{\mathbf{x}} = A\mathbf{x}$ と書ける．

定理 2.2.4 微分方程式 (2.2.2) の平衡点 $(0,0)$ は，行列 A のすべての固有値の実部が負ならば漸近安定である．また，行列 A の固有値のうち実部が正になるものが1つでも存在すれば不安定である．

証明 行列 A の固有値を α_1, α_2 として，(2.2.2) の平衡点 $(0,0)$ 付近の流れを次の3つの場合に分けて考える．いずれの場合であっても定理の主張が正しいことはすぐにわかる．

(i) α_1, α_2 が異なる2つの実数のとき．ただし，$\alpha_1 < \alpha_2$ とする．

α_1, α_2 に対する線形独立な固有ベクトルをそれぞれ $\mathbf{v}_1, \mathbf{v}_2$ とすると，解は

$$\mathbf{x} = C_1 e^{\alpha_1 t} \mathbf{v}_1 + C_2 e^{\alpha_2 t} \mathbf{v}_2 \quad (C_1, C_2 は任意定数) \tag{2.2.4}$$

で与えられる．実際，(2.2.4) を $\dot{\mathbf{x}} = A\mathbf{x}$ に代入すると，

$$\dot{\mathbf{x}} = C_1 \alpha_1 e^{\alpha_1 t} \mathbf{v}_1 + C_2 \alpha_2 e^{\alpha_2 t} \mathbf{v}_2$$

$$A\mathbf{x} = A(C_1 e^{\alpha_1 t} \mathbf{v}_1 + C_2 e^{\alpha_2 t} \mathbf{v}_2) = C_1 e^{\alpha_1 t} A\mathbf{v}_1 + C_2 e^{\alpha_2 t} A\mathbf{v}_2$$

$$= C_1 e^{\alpha_1 t} \alpha_1 \mathbf{v}_1 + C_2 e^{\alpha_2 t} \alpha_2 \mathbf{v}_2$$

となり，$\dot{\mathbf{x}} = A\mathbf{x}$ が成り立つことがわかる．よって，原点付近の流れは (2.2.4) で与えられ，図 2.7 (1)–(5) の5通りであることがわかる．

(ii) $\alpha_1 = \alpha_2 = \alpha$ のとき．ただし，α は実数である．

まず，α に対する2つの線形独立な A の固有ベクトル $\mathbf{v}_1, \mathbf{v}_2$ が存在する場合を考える．このとき，解は

$$\mathbf{x} = C_1 e^{\alpha t} \mathbf{v}_1 + C_2 e^{\alpha t} \mathbf{v}_2 = e^{\alpha t}(C_1 \mathbf{v}_1 + C_2 \mathbf{v}_2)$$

で与えられる．$\mathbf{v}_1, \mathbf{v}_2$ は線形独立であるから，任意の $\mathbf{x}_0$ に対して $\mathbf{x}_0 = C_1 \mathbf{v}_1 + C_2 \mathbf{v}_2$ をみたす C_1, C_2 が存在する．よって，任意の $\mathbf{x}_0$ に対して，$\mathbf{x} = e^{\alpha t} \mathbf{x}_0$ は解である．したがって，原点付近の流れは図 2.7 (6)–(8) の3通りである．

次に，α に対する2つの線形独立な A の固有ベクトルが存在しない場合を考える（付録 A.1）．α に対する固有ベクトルを $\mathbf{v}_1$，一般化（退化）固有ベクトルを $\mathbf{v}_2$ とすると，解は

$$\mathbf{x} = (C_1 + C_2 t) e^{\alpha t} \mathbf{v}_1 + C_2 e^{\alpha t} \mathbf{v}_2 \quad (C_1, C_2 は任意定数) \tag{2.2.5}$$

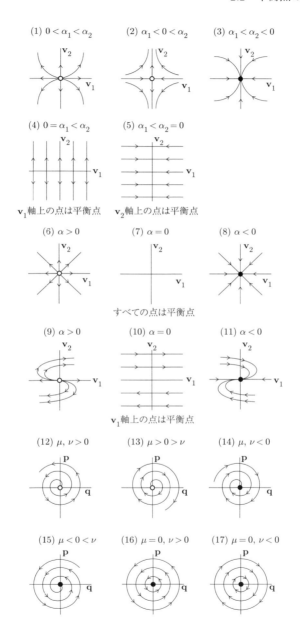

図 2.7 (2.2.2) の原点付近の流れ．座標軸が $\mathbf{v}_1, \mathbf{v}_2$ もしくは $\mathbf{q}, \mathbf{p}$ であることに注意．ただし，実際には座標軸が直交しているとは限らない．

で与えられる．実際，上式を $\dot{\mathbf{x}} = A\mathbf{x}$ に代入して，$(A - \alpha E)\mathbf{v}_1 = \mathbf{0}$ と $(A - \alpha E)\mathbf{v}_2 = \mathbf{v}_1$, すなわち

$$A\mathbf{v}_1 = \alpha \mathbf{v}_1, \qquad A\mathbf{v}_2 = \alpha \mathbf{v}_2 + \mathbf{v}_1$$

を用いると，(2.2.5) が $\dot{\mathbf{x}} = A\mathbf{x}$ をみたすことが確かめられる．よって，原点付近の流れは (2.2.5) で与えられ，図 2.7 (9)–(11) の 3 通りである．

(iii) α_1, α_2 が異なる 2 つの複素数のとき．ただし，$\alpha_1 = \mu + i\nu$, $\alpha_2 = \overline{\alpha_1} = \mu - i\nu$ $(\nu \neq 0)$ とし，対応する固有ベクトルを $\mathbf{v}_1 = \mathbf{p} + i\mathbf{q}$, $\mathbf{v}_2 = \overline{\mathbf{v}_1} = \mathbf{p} - i\mathbf{q}$ とする．この場合，解は

$$\mathbf{x} = z(t)\mathbf{q} + w(t)\mathbf{p},$$
$$\begin{pmatrix} z(t) \\ w(t) \end{pmatrix} = e^{\mu t} \begin{pmatrix} \cos \nu t & -\sin \nu t \\ \sin \nu t & \cos \nu t \end{pmatrix} \begin{pmatrix} z(0) \\ w(0) \end{pmatrix} \quad (2.2.6)$$

で与えられる（問 2.2.5）．これより，$\mathbf{x} = \mathbf{x}(t)$ は原点のまわりを回転しており，原点に近づくかどうかは μ の符号によって決まる．よって，原点付近の流れは図 2.7 (12)–(17) の 6 通りである． □

問 2.2.5 (2.2.6) が (2.2.2) の解であることを次の手順にしたがって示せ．

(1) $U = (\mathbf{q} \ \mathbf{p})$ とおくと，U は正則で

$$U^{-1}AU = \begin{pmatrix} \mu & -\nu \\ \nu & \mu \end{pmatrix}$$

(2) 微分方程式

$$\begin{pmatrix} \dot{z} \\ \dot{w} \end{pmatrix} = \begin{pmatrix} \mu & -\nu \\ \nu & \mu \end{pmatrix} \begin{pmatrix} z \\ w \end{pmatrix}$$

の解が (2.2.6) の第 2 式で与えられることを確かめよ．

(3) (2.2.6) が (2.2.2) の解であることを示せ．

問 2.2.6 定理 2.2.4 の証明 (ii) において，(2.2.5) で与えられる原点付近の流れが図 2.7 (9)–(11) のようになる理由を述べよ．

2.2.2 安定性の判定定理

微分方程式

2.2 平衡点の安定性

$$\begin{cases} \dot{x} = f(x,y) \\ \dot{y} = g(x,y) \end{cases} \quad (2.2.7)$$

が平衡点 (p,q) をもつとき，その安定性を調べよう．

$f(x,y), g(x,y)$ を (p,q) のまわりでテイラー展開すると，$f(p,q) = g(p,q) = 0$ であるから

$$\begin{cases} f(x,y) = f_x(p,q)(x-p) + f_y(p,q)(y-q) + R_1 \\ g(x,y) = g_x(p,q)(x-p) + g_y(p,q)(y-q) + R_2 \end{cases}$$

となる．ここで，R_1, R_2 はテイラー展開の剰余項であり，$x-p$ と $y-q$ に関する 2 次以上の項からなる．

$z = x-p$, $w = y-q$ とおくと，p, q は t に依存しないから，

$$\dot{z} = \frac{d}{dt}(x-p) = \dot{x}, \qquad \dot{w} = \frac{d}{dt}(y-q) = \dot{y}$$

である．よって，(2.2.7) は (p,q) のまわりで

$$\begin{cases} \dot{z} = f_x(p,q)z + f_y(p,q)w + R_1 \\ \dot{w} = g_x(p,q)z + g_y(p,q)w + R_2 \end{cases} \quad (2.2.8)$$

のように近似される．ここで，R_1, R_2 は z と w に関する 2 次以上の項からなる．上の方程式で R_1 と R_2 を無視して得られる定数係数線形微分方程式

$$\begin{pmatrix} \dot{z} \\ \dot{w} \end{pmatrix} = \begin{pmatrix} f_x(p,q) & f_y(p,q) \\ g_x(p,q) & g_y(p,q) \end{pmatrix} \begin{pmatrix} z \\ w \end{pmatrix}$$

を (p,q) のまわりの (2.2.7) の線形化方程式という．また，行列

$$A = \begin{pmatrix} f_x(p,q) & f_y(p,q) \\ g_x(p,q) & g_y(p,q) \end{pmatrix} \quad (2.2.9)$$

を (p,q) のまわりの線形化行列（ヤコビ行列）という．

次の定理は，1 次元の場合の定理 2.1.6 を 2 次元の場合に拡張したものであり，微分方程式 (2.2.7) の平衡点の安定性を判定するのに役立つ．

定理 2.2.7 微分方程式 (2.2.7) が平衡点 (p,q) をもつとき,(p,q) のまわりの線形化行列 A のすべての固有値の実部が負ならば,(p,q) は漸近安定である.また,行列 A の固有値のうち実部が正になるものが 1 つでも存在すれば,(p,q) は不安定である.

注意 2.2.8 平衡点の安定性を定理 2.2.7 によって判定できないケースとして,平衡点のまわりの線形化行列が

- 0 固有値と負の固有値をもつ
- (0 以外の) 純虚数の固有値をもつ

などのように,実部 0 の固有値をもつ場合がある.そのようなときは,(2.2.8) における R_1 と R_2 の中に含まれる項の影響を考慮しなければならない.

定理 2.2.7 の証明については,[1, 付録 A.5], [5, 第 9 章 2 節] を参照してほしい[1].ここでは,具体例を通してこの定理の利用法を示す.

■ **例題 2.2.9**
$$\begin{cases} \dot{x} = x(2-x-y) \\ \dot{y} = x - y \end{cases} \qquad (2.2.10)$$

の平衡点をすべて求め,その安定性を調べよ.

解 $f(x,y) = x(2-x-y), g(x,y) = x-y$ とおく.$f(x,y) = g(x,y) = 0$ より $x(2-x-y) = 0, x-y = 0$.これを解いて,$(x,y) = (1,1), (0,0)$.よって,平衡点は $(1,1)$ と $(0,0)$ の 2 つである.また,

$$f_x = 2 - 2x - y, \quad f_y = -x, \quad g_x = 1, \quad g_y = -1$$

であるから,$(1,1)$ のまわりの線形化行列は

$$A_1 = \begin{pmatrix} f_x(1,1) & f_y(1,1) \\ g_x(1,1) & g_y(1,1) \end{pmatrix} = \begin{pmatrix} -1 & -1 \\ 1 & -1 \end{pmatrix}$$

---

[1] [6] は [5] の新版だが,この定理の後半部分の証明 ([1] は前半部分の証明のみ.後半部分の証明を記載した本はほとんどない) に限れば,旧版のほうが読みやすい.

である．この行列 A_1 の固有値は，

$$|A_1 - \lambda E| = \begin{vmatrix} -1-\lambda & -1 \\ 1 & -1-\lambda \end{vmatrix} = 0$$

を解いて，$\lambda = -1 \pm i$ である．よって，A_1 の 2 つの固有値の実部は -1 であり，$(1,1)$ は漸近安定である．

同様に，$(0,0)$ のまわりの線形化行列は

$$A_2 = \begin{pmatrix} f_x(0,0) & f_y(0,0) \\ g_x(0,0) & g_y(0,0) \end{pmatrix} = \begin{pmatrix} 2 & 0 \\ 1 & -1 \end{pmatrix}$$

である．この行列 A_2 の固有値は，$\lambda = 2, -1$ であり，A_2 は正の固有値をもつ．したがって，$(0,0)$ は不安定である． □

平衡点のまわりの線形化行列が実部 0 の固有値をもたない場合，平衡点の安定性は定理 2.2.7 によって判定できる．そのような平衡点は双曲型平衡点とよばれる．

次の定理は，ハートマン・グロブマン (Hartman-Grobman) の定理とよばれ，双曲型平衡点のまわりの流れが平衡点のまわりの線形化方程式によって記述されることを示している．

定理 2.2.10 双曲型平衡点のまわりの流れは，平衡点のまわりの線形化方程式における原点付近の流れと同じ（同相）である．

この定理の証明については，[13, 4.3 節] を参照してほしい．ここでは，具体的な例を通して定理 2.2.10 の意味を説明しよう．

例題 2.2.9 の微分方程式 (2.2.10) の平衡点 $(1,1)$ と $(0,0)$ は，いずれも双曲型である．図 2.8 は (2.2.10) によって定義される xy 平面上の流れである．この図をみると，平衡点 $(1,1)$ の付近では，流れは回転しながら $(1,1)$ に近づいている．これは，平衡点 $(1,1)$ のまわりの線形化方程式 $\dot{z} = -z - w, \dot{w} = z - w$ における原点付近の流れ（図 2.7 (15)）と同じように見える．同様に，平衡点 $(0,0)$ 付近の流れは，平衡点 $(0,0)$ のまわりの線形化方程式 $\dot{z} = 2z, \dot{w} = z - w$ における原点付近の流れ（図 2.7 (2), ただし，z 軸を $\mathbf{v}_2$ 軸に，w 軸を $\mathbf{v}_1$ 軸に

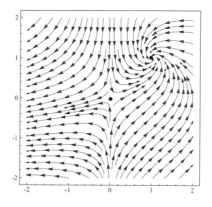

図 2.8 (2.2.10) の xy 平面上の流れ

対応させる）と同じように見える．

双曲型平衡点は，表 2.1 のように 5 通りに分類される．

表 2.1 双曲型平衡点の分類

名称	流れの性質	図 2.7 における対応
安定結節点 (stable node)	吸引のみ，回転なし	(3), (8), (11)
不安定結節点 (unstable node)	湧出のみ，回転なし	(1), (6), (9)
鞍点 (saddle point)	吸引と湧出方向をもつ	(2)
安定焦点 (stable focus)	吸引のみ，回転あり	(14), (15)
不安定焦点 (unstable focus)	湧出のみ，回転あり	(12), (13)

安定結節点と安定焦点は吸引点 (sink) であり，不安定結節点と不安定焦点は湧出点 (source) である．湧出点はリペラー (repeller) とよばれることもある．

問 2.2.11 定理 2.2.7 を用いて，例題 2.1.12 の微分方程式 (2.1.5) の平衡点 $(0,0)$ が漸近安定であることを示せ．

問 2.2.12 次の微分方程式の平衡点をすべて求め，その安定性を調べよ．

(1) $\begin{cases} \dot{x} = x(3-x-2y) \\ \dot{y} = y(2-x-y) \end{cases}$ (2) $\begin{cases} \dot{x} = -2\cos x - \cos y \\ \dot{y} = -2\cos y - \cos x \end{cases}$

2.2.3 n 次元の微分方程式

2 次元の場合と同様に，n 次元の微分方程式

2.2 平衡点の安定性

$$\dot{\mathbf{x}} = \mathbf{f}(\mathbf{x}), \quad \mathbf{x} = (x_1, \cdots, x_n), \quad \mathbf{f}(\mathbf{x}) = (f_1(\mathbf{x}), \cdots, f_n(\mathbf{x})) \qquad (2.2.11)$$

は $\mathbf{R}^n$ 上のベクトル場を定義する．この方程式についても，解はベクトル場によって表される流れに沿って自然に流されていく点であると見なせる．

$\mathbf{f}(\mathbf{x}^*) = \mathbf{0}$ をみたす $\mathbf{x}^*$，すなわち

$$f_1(x_1^*, \cdots, x_n^*) = \cdots = f_n(x_1^*, \cdots, x_n^*) = 0$$

をみたす $\mathbf{x}^* = (x_1^*, \cdots, x_n^*)$ を (2.2.11) の平衡点という．この平衡点の安定性の定義は，2次元の場合（定義 2.2.1）と同様である．次の定理は，(2.2.11) の平衡点の安定性を判定するのに役立つ．

定理 2.2.13 微分方程式 (2.2.11) が平衡点 $\mathbf{x}^*$ をもつとき，$\mathbf{x}^*$ のまわりの線形化行列（ヤコビ行列）

$$A = \frac{\partial \mathbf{f}}{\partial \mathbf{x}}(\mathbf{x}^*) = \begin{pmatrix} \dfrac{\partial f_1}{\partial x_1}(\mathbf{x}^*) & \cdots & \dfrac{\partial f_1}{\partial x_n}(\mathbf{x}^*) \\ \vdots & & \vdots \\ \dfrac{\partial f_n}{\partial x_1}(\mathbf{x}^*) & \cdots & \dfrac{\partial f_n}{\partial x_n}(\mathbf{x}^*) \end{pmatrix}$$

のすべての固有値の実部が負ならば，$\mathbf{x}^*$ は漸近安定である．また，行列 A の固有値のうち実部が正になるものが1つでも存在すれば，$\mathbf{x}^*$ は不安定である．

注意 2.2.14 定理 2.2.13 を用いると，微分方程式の平衡点の安定性を判定する問題は，線形化行列 A の固有方程式 $\det(A - \lambda E) = 0$（n 次の代数方程式）の解の実部の符号を調べる問題に帰着される．一般に，n 次代数方程式のすべての解の実部が負になるための条件として，ラウス・フルビッツ (Routh-Hurwitz) による定理が知られている．例えば，3次方程式 $\lambda^3 + a_1 \lambda^2 + a_2 \lambda + a_3 = 0$ のすべての解の実部が負になるための必要十分条件は，$a_1 > 0$, $a_3 > 0$, $a_1 a_2 - a_3 > 0$ である．また，a_3 の値を 正 $\to 0 \to$ 負 と変化させると，この3次方程式の実数解で，その値が 負 $\to 0 \to$ 正 と変化するものが存在する．同様に，$a_1 a_2 - a_3$ の値を 正 $\to 0 \to$ 負 と変化させると，互いに共役な2つの複素数解で，その実部の値が 負 $\to 0 \to$ 正 と変化するものが存在する．詳しくは，[17] を参照せよ．

問 2.2.15 $a \neq 0$ とする．微分方程式

$$\begin{cases} \dot{x} = -a(x-y) \\ \dot{y} = 2x - y - xz \\ \dot{z} = -z + xy \end{cases}$$

の平衡点をすべて求めよ．また，ラウス・フルビッツ条件を用いて，各平衡点が漸近安定になるような a の範囲をそれぞれ求めよ．

注意 2.2.16 n 次元の場合についても，双曲型平衡点が定義され，定理 2.2.10 が成り立つ．

2.3 中心多様体

この節では，微分方程式の平衡点のまわりの線形化行列が 0 固有値をもち，他の固有値の実部がすべて負である場合を考える．

■ 例題 2.3.1

$$\begin{cases} \dot{x} = -xy \\ \dot{y} = -y + x^2 \end{cases} \tag{2.3.1}$$

の平衡点 $(0,0)$ の安定性を調べよ．

解 $(0,0)$ のまわりの線形化行列は

$$A = \begin{pmatrix} 0 & 0 \\ 0 & -1 \end{pmatrix}$$

であり，その固有値は 0 と -1 である．したがって，定理 2.2.7 を適用して $(0,0)$ の安定性を判定することはできない．

(2.3.1) の原点のまわりの線形化方程式は

$$\begin{cases} \dot{x} = 0 \\ \dot{y} = -y \end{cases} \tag{2.3.2}$$

である．初期値 (x_0, y_0) から出発する (2.3.2) の解は $x(t) = x_0$, $y(t) = y_0 e^{-t}$

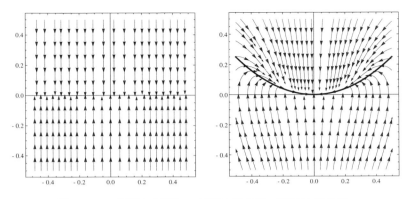

図 2.9 xy 平面上の流れ．左側は (2.3.2)，右側は (2.3.1)．

で与えられ，原点付近の流れの様子は図 2.9（左）のようになる．この解は x 軸に近づくことと，x 軸上では静止したままであることに注意しよう．

(2.3.1) は (2.3.2) に 2 次の項 $-xy$, x^2 を付け加えたものである．原点のまわりでは，$|x|$, $|y|$ の値は小さいので，$|xy|$, $|x^2|$ の値は（$|x|$, $|y|$ と比べて）十分小さい．よって，原点付近の (2.3.1) の流れは，(2.3.2) の流れをわずかに変形したものであると思われる．すなわち，(2.3.1) の解は x 軸そのものではなく，x 軸付近のある曲線に近づき，その曲線上ではゆっくりと運動するだろう．実際，(2.3.1) を数値的に解いて原点のまわりの流れの様子を調べると，図 2.9（右）のようになる．これより，原点付近では，(2.3.1) の解は原点で x 軸に接する曲線に沿って，原点にゆっくりと近づいているように見える．

今，そのような曲線があるものとして，その方程式を

$$y = h(x), \qquad h(0) = 0, \qquad \frac{dh}{dx}(0) = 0$$

としよう．この曲線上では，(2.3.1) の解は

$$\dot{x} = -xh(x), \qquad y = h(x)$$

で決定されるだろう．実際，$y = h(x)$ を (2.3.1) の第 1 式に代入すると $\dot{x} = -xh(x)$ を得る．これは，x だけの微分方程式であり，この解を $x(t)$ とすると，y は $y(t) = h(x(t))$ で与えられる．

$h(x)$ がみたす関係式を求めよう．$y(t) = h(x(t))$ の両辺を t で微分すると

$$\frac{dh}{dx} \cdot \frac{dx}{dt} - \frac{dy}{dt} = 0 \tag{2.3.3}$$

を得る．よって，(2.3.1) より

$$\frac{dh}{dx} \cdot xy - y + x^2 = 0$$

ここで，$y = h(x)$ であるから，求める式は

$$xh(x)h'(x) - h(x) + x^2 = 0 \tag{2.3.4}$$

次に，(2.3.4) をみたす $h(x)$ を近似的に求めよう．$h(0) = h'(0) = 0$ より

$$h(x) = c_2 x^2 + c_3 x^3 + \cdots$$

とおく．これを (2.3.4) に代入すると

$$x(c_2 x^2 + c_3 x^3 + \cdots)(2c_2 x + 3c_3 x^2 + \cdots) - (c_2 x^2 + c_3 x^3 + \cdots) + x^2 = 0$$

上式の x^2 の項の係数を比較して $c_2 = 1$ を得る．同様に，$x^3, x^4, \cdots$ の項の係数を比較して $c_3, c_4, \cdots$ が順次求められる．よって，

$$h(x) = x^2 + O(x^3)$$

を得る．ここで O はランダウの記号（付録 A.3）である．

したがって，曲線 $y = h(x)$ 上で，(2.3.1) の解は

$$\dot{x} = -x^3 + O(x^4), \quad y = x^2 + O(x^3) \tag{2.3.5}$$

で近似される．この第 1 式は x だけの微分方程式であり，$x = 0$ は安定な平衡点である．よって，原点付近で (2.3.1) の解は放物線 $y = x^2$ で近似される曲線に沿って原点に近づくことがわかる．以上より，(2.3.1) の平衡点 $(0,0)$ は漸近安定である． □

$\mathbf{x} \in \mathbf{R}^m$, $\mathbf{y} \in \mathbf{R}^n$ とする．微分方程式

$$\begin{cases} \dot{\mathbf{x}} = A\mathbf{x} + \mathbf{f}(\mathbf{x}, \mathbf{y}) \\ \dot{\mathbf{y}} = B\mathbf{y} + \mathbf{g}(\mathbf{x}, \mathbf{y}) \end{cases} \tag{2.3.6}$$

において，A のすべての固有値の実部は 0 であり，B のすべての固有値の実部は負であるとする．また，$\mathbf{f}(\mathbf{0},\mathbf{0}) = \mathbf{g}(\mathbf{0},\mathbf{0}) = \mathbf{0}$ および

$$\frac{\partial \mathbf{f}}{\partial \mathbf{x}}(\mathbf{0},\mathbf{0}) = \frac{\partial \mathbf{f}}{\partial \mathbf{y}}(\mathbf{0},\mathbf{0}) = O, \qquad \frac{\partial \mathbf{g}}{\partial \mathbf{x}}(\mathbf{0},\mathbf{0}) = \frac{\partial \mathbf{g}}{\partial \mathbf{y}}(\mathbf{0},\mathbf{0}) = O$$

であるとする．ここで，O は零行列を表す．例題 2.3.1 で考察した内容は，中心多様体定理とよばれる一般的な結果として次のようにまとめられている．

定理 2.3.2 $(\mathbf{0},\mathbf{0})$ のまわりで定義された滑らかな関数 $\mathbf{y} = \mathbf{h}(\mathbf{x})$ であって，次の性質をみたすものが存在する．

1. 曲面 $M = \{(\mathbf{x},\mathbf{y}) \mid \mathbf{y} = \mathbf{h}(\mathbf{x})\}$ は $(\mathbf{0},\mathbf{0})$ で $\mathbf{x}$ 平面に接する．すなわち，

$$\mathbf{h}(\mathbf{0}) = \mathbf{0}, \qquad \frac{\partial \mathbf{h}}{\partial \mathbf{x}}(\mathbf{0}) = O$$

が成り立つ．

2. 曲面 M は (2.3.6) の定義する流れに関して不変である．すなわち，(2.3.6) の解 $(\mathbf{x}(t),\mathbf{y}(t))$ に対して，

$$(\mathbf{x}(0),\mathbf{y}(0)) \in M \implies (\mathbf{x}(t),\mathbf{y}(t)) \in M$$

が成り立つ．

3. (2.3.6) の平衡点 $(\mathbf{x},\mathbf{y}) = (\mathbf{0},\mathbf{0})$ の安定性は，微分方程式

$$\dot{\mathbf{u}} = A\mathbf{u} + \mathbf{f}(\mathbf{u},\mathbf{h}(\mathbf{u})) \qquad (2.3.7)$$

の平衡点 $\mathbf{u} = \mathbf{0}$ の安定性と一致する．すなわち，
   - $(\mathbf{x},\mathbf{y}) = (\mathbf{0},\mathbf{0})$ は安定 $\iff$ $\mathbf{u} = \mathbf{0}$ は安定
   - $(\mathbf{x},\mathbf{y}) = (\mathbf{0},\mathbf{0})$ は漸近安定 $\iff$ $\mathbf{u} = \mathbf{0}$ は漸近安定
   - $(\mathbf{x},\mathbf{y}) = (\mathbf{0},\mathbf{0})$ は不安定 $\iff$ $\mathbf{u} = \mathbf{0}$ は不安定

4. $(\mathbf{x},\mathbf{y}) = (\mathbf{0},\mathbf{0})$ 付近における (2.3.6) の解のふる舞いは，曲面 M 上の解のダイナミクスで決まり，(2.3.7) で記述される．すなわち，(2.3.7) の平衡点 $\mathbf{u} = \mathbf{0}$ が安定であるとき，(2.3.6) の解 $(\mathbf{x}(t),\mathbf{y}(t))$ は $(\mathbf{x},\mathbf{y}) = (\mathbf{0},\mathbf{0})$ 付近で

$$\mathbf{x}(t) = \mathbf{u}(t) + O(e^{-\gamma t}), \qquad \mathbf{y}(t) = \mathbf{h}(\mathbf{u}(t)) + O(e^{-\gamma t}), \qquad (t \to \infty)$$

で表される．ここで，$\mathbf{u}(t)$ は (2.3.7) の解であり，$\gamma > 0$ は B に依存する定数である．

曲面 $M = \{(\mathbf{x}, \mathbf{y}) \mid \mathbf{y} = \mathbf{h}(\mathbf{x})\}$ を (2.3.6) の中心多様体 (center manifold) という．次の定理は，例題 2.3.1 で述べた方法で中心多様体を近似的に求めたときの誤差評価を与える．

定理 2.3.3 関数 $\mathbf{y} = \boldsymbol{\phi}(\mathbf{x})$ が $\boldsymbol{\phi}(\mathbf{0}) = \mathbf{0}$, $\dfrac{\partial \boldsymbol{\phi}}{\partial \mathbf{x}}(\mathbf{0}) = O$ および

$$\frac{\partial \boldsymbol{\phi}}{\partial \mathbf{x}}(\mathbf{x})\bigl(A\mathbf{x} + \mathbf{f}(\mathbf{x}, \boldsymbol{\phi}(\mathbf{x}))\bigr) - B\boldsymbol{\phi}(\mathbf{x}) - \mathbf{g}(\mathbf{x}, \boldsymbol{\phi}(\mathbf{x})) = O(|\mathbf{x}|^q), \quad (q > 1) \quad (2.3.8)$$

をみたすとき，(2.3.6) の中心多様体を定義する関数 $\mathbf{y} = \mathbf{h}(\mathbf{x})$ は

$$\mathbf{h}(\mathbf{x}) = \boldsymbol{\phi}(\mathbf{x}) + O(|\mathbf{x}|^q)$$

で与えられる．

(2.3.6) より，(2.3.8) と (2.3.3) の左辺は同じ形であることがわかる．定理 2.3.2 と 2.3.3 の証明については [12, Chapter 2] を参照してほしい．

■ **例題 2.3.4**

$$\begin{cases} \dot{x} = xy + ax^3 + bxy^2 \\ \dot{y} = -y + cx^2 + dx^2 y \end{cases} \quad (2.3.9)$$

の平衡点 $(0, 0)$ の安定性を調べよ．

解 (2.3.9) は (2.3.6) において，

$$A = 0, \quad B = -1, \quad f(x, y) = xy + ax^3 + bxy^2, \quad g(x, y) = cx^2 + dx^2 y$$

とおいたものである．関数 $y = \phi(x)$ に対して

$$\begin{aligned} N\phi(x) &= \phi'(x)\bigl(Ax + f(x, \phi(x))\bigr) - B\phi(x) - g(x, \phi(x)) \\ &= \phi'(x)(x\phi(x) + ax^3 + bx\phi^2(x)) + \phi(x) - cx^2 - dx^2 \phi(x) \end{aligned} \quad (2.3.10)$$

とおく．

$\phi(0) = \phi'(0) = 0$ に注意して，$\phi(x) = kx^2$ とすると，上式より
$$N\phi(x) = (k-c)x^2 + O(x^4)$$
となる．よって，$k = c$，すなわち，$\phi(x) = cx^2$ のとき $N\phi(x) = O(x^4)$ となり，定理 2.3.3 より
$$y = h(x) = cx^2 + O(x^4) \tag{2.3.11}$$
を得る．このとき，定理 2.3.2 より
$$\dot{x} = xh(x) + ax^3 + bxh^2(x) = (a+c)x^3 + O(x^5)$$
を得る．よって，$a + c < 0$ のとき，(2.3.9) の平衡点 $(0,0)$ は漸近安定であり，$a + c > 0$ のとき，(2.3.9) の平衡点 $(0,0)$ は不安定である．

$a + c = 0$ のとき，(2.3.11) に注意して $\phi(x) = cx^2 + \ell x^4$ とすると，(2.3.10) より
$$N\phi(x) = (\ell - cd)x^4 + O(x^6)$$
となる．したがって，$\ell = cd$，すなわち，$\phi(x) = cx^2 + cdx^4$ のとき $N\phi(x) = O(x^6)$ となり，定理 2.3.3 より
$$y = h(x) = cx^2 + cdx^4 + O(x^6)$$
を得る．このとき，定理 2.3.2 より
$$\dot{x} = xh(x) + ax^3 + bxh^2(x) = (cd + bc^2)x^5 + O(x^7)$$
を得る．よって，$a + c = 0$ のとき，$cd + bc^2 < 0$ ならば，(2.3.9) の平衡点 $(0,0)$ は漸近安定であり，$cd + bc^2 > 0$ ならば，(2.3.9) の平衡点 $(0,0)$ は不安定である．以下，この手続きを繰り返していけばよい． □

問 2.3.5 $a + c = cd + bc^2 = 0$ かつ $cd \neq 0$ のとき，(2.3.9) の平衡点 $(0,0)$ の安定性を調べよ．

◼ **例題 2.3.6**
$$\begin{cases} \dot{x} = -\cos y \\ \dot{y} = \cos y - \sin^3 x \end{cases} \tag{2.3.12}$$
の平衡点 $(\pi, \pi/2)$ の安定性を調べよ．

解 平行移動 $x = \pi+u$, $y = \pi/2+v$ を行うと,$\sin(\pi+u) = -\sin u$,$\cos(\pi/2+v) = -\sin v$ より (2.3.12) は

$$\begin{cases} \dot{u} = \sin v \\ \dot{v} = -\sin v + \sin^3 u \end{cases} \quad (2.3.13)$$

に変換される.(2.3.13) の平衡点 $(0,0)$ の安定性を調べればよい.平衡点 $(0,0)$ のまわりの線形化行列は

$$A = \begin{pmatrix} 0 & 1 \\ 0 & -1 \end{pmatrix}$$

であり,A の固有値は 0 と -1 である.この場合,定理 2.2.7 を適用して (2.3.13) の平衡点 $(0,0)$ の安定性を判定することはできない.

テイラー展開の公式より,$(u,v) = (0,0)$ のまわりで

$$\sin u = u - u^3/3! + u^5/5! + \cdots = u - u^3/6 + O(u^5),$$
$$\sin v = v - v^3/3! + v^5/5! + \cdots = v - v^3/6 + O(v^5),$$

が成り立つから,(2.3.13) は平衡点 $(0,0)$ のまわりで

$$\begin{cases} \dot{u} = v - v^3/6 + r_1 \\ \dot{v} = -v + u^3 + v^3/6 + r_2 \end{cases}$$

で近似される.ここで,$r_1 = r_1(u,v)$,$r_2 = r_2(u,v)$ は u,v に関して 5 次以上の項である.

この方程式の平衡点 $(0,0)$ のまわりの線形化行列は A であり,固有値 0 と -1 に対する固有ベクトルは,それぞれ

$$\mathbf{v}_1 = \begin{pmatrix} 1 \\ 0 \end{pmatrix}, \quad \mathbf{v}_2 = \begin{pmatrix} 1 \\ -1 \end{pmatrix}$$

である.よって,変数変換

$$\begin{pmatrix} u \\ v \end{pmatrix} = \begin{pmatrix} 1 & 1 \\ 0 & -1 \end{pmatrix} \begin{pmatrix} z \\ w \end{pmatrix} = \begin{pmatrix} z+w \\ -w \end{pmatrix}$$

を行うと，
$$\begin{cases} \dot{z} = (z+w)^3 + R_1 \\ \dot{w} = -w - (z+w)^3 + w^3/6 + R_2 \end{cases} \tag{2.3.14}$$
となる．ここで，$R_1 = R_1(z,w)$, $R_2 = R_2(z,w)$ は z,w に関して 5 次以上の項を表している．

(2.3.14) は (2.3.6) の形の微分方程式であり，中心多様体定理が適用できる．$\phi(z) = -z^3$ とすると
$$\begin{aligned} N\phi(z) &= \phi'(z)\big((z+\phi(z))^3 + R_1(z,\phi(z))\big) \\ &\quad + \phi(z) + (z+\phi(z))^3 - \phi^3(z)/6 - R_2(z,\phi(z)) \\ &= O(z^5) \end{aligned}$$
となるので，(2.3.14) の平衡点 $(0,0)$ の中心多様体は $h(z) = -z^3 + O(z^5)$ で与えられる．また，中心多様体上の (2.3.14) の解は
$$\dot{z} = (z+h(z))^3 + R_1 = z^3 + O(z^5)$$
で記述される．$z=0$ はこの方程式の不安定な平衡点であるから，$(z,w) = (0,0)$ は (2.3.14) の不安定な平衡点である．以上より，(2.3.12) の平衡点 $(\pi, \pi/2)$ は不安定である． □

問 2.3.7
$$\begin{cases} \dot{x} = x^2 - xy - 4x + 2 \\ \dot{y} = y^2 - xy - 2x + 2y + 2 \end{cases}$$
の平衡点を求め，その安定性を調べよ．

2.4 座標変換

この節では，微分方程式の平衡点のまわりの線形化行列が（0 以外の）純虚数の固有値をもつ場合を考える．

◼ **例題 2.4.1**
$$\begin{cases} \dot{x} = -y - x(x^2+y^2) \\ \dot{y} = x - y(x^2+y^2) \end{cases} \tag{2.4.1}$$

46　第2章　安定性

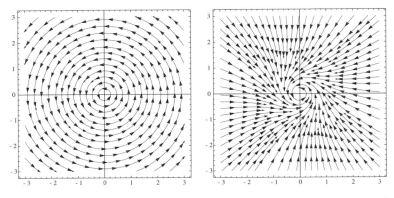

図 2.10　原点付近の流れ．左側は (2.4.2)，右側は (2.4.1).

の平衡点 $(0,0)$ の安定性を調べよ．

解　平衡点 $(0,0)$ のまわりの線形化行列は

$$A = \begin{pmatrix} 0 & -1 \\ 1 & 0 \end{pmatrix}$$

であり，A の固有値は $\pm i$ である．この場合，定理 2.2.7 を適用して (2.4.1) の平衡点 $(0,0)$ の安定性を判定することはできない．

平衡点 $(0,0)$ のまわりの (2.4.1) の線形化方程式は

$$\begin{cases} \dot{x} = -y \\ \dot{y} = x \end{cases} \tag{2.4.2}$$

である．定理 2.2.4 の証明と同様に，この解は

$$\begin{pmatrix} x(t) \\ y(t) \end{pmatrix} = \begin{pmatrix} \cos t & -\sin t \\ \sin t & \cos t \end{pmatrix} \begin{pmatrix} x(0) \\ y(0) \end{pmatrix}$$

で与えられ，原点付近の流れは図 2.10（左）のようになる．

(2.4.1) は (2.4.2) に 3 次の項 $x(x^2+y^2), y(x^2+y^2)$ を付け加えたものであるから，(2.4.1) の原点付近の流れは，図 2.10（左）の流れを少し変形したものであると思われる．(2.4.2) の原点付近の流れが，原点を中心とした同心円状

のパターンを描くことに注意して，極座標変換

$$\begin{cases} x = r\cos\theta \\ y = r\sin\theta \end{cases} \quad (2.4.3)$$

を用いて (2.4.1) を (r, θ) の方程式に書き直す.

$$x(t) = r(t)\cos\theta(t), \qquad y(t) = r(t)\sin\theta(t)$$

の両辺を t で微分すると，

$$\dot{x} = \dot{r}\cos\theta - r\sin\theta \cdot \dot{\theta}, \qquad \dot{y} = \dot{r}\sin\theta + r\cos\theta \cdot \dot{\theta}$$

であるから，

$$\begin{pmatrix} \dot{x} \\ \dot{y} \end{pmatrix} = \begin{pmatrix} \cos\theta & -r\sin\theta \\ \sin\theta & r\cos\theta \end{pmatrix} \begin{pmatrix} \dot{r} \\ \dot{\theta} \end{pmatrix}$$

したがって，(2.4.1) と $x^2 + y^2 = r^2$ を用いて

$$\begin{pmatrix} \dot{r} \\ \dot{\theta} \end{pmatrix} = \begin{pmatrix} \cos\theta & -r\sin\theta \\ \sin\theta & r\cos\theta \end{pmatrix}^{-1} \begin{pmatrix} \dot{x} \\ \dot{y} \end{pmatrix}$$

$$= \frac{1}{r}\begin{pmatrix} r\cos\theta & r\sin\theta \\ -\sin\theta & \cos\theta \end{pmatrix} \begin{pmatrix} -r\sin\theta - r\cos\theta \cdot r^2 \\ r\cos\theta - r\sin\theta \cdot r^2 \end{pmatrix} = \begin{pmatrix} -r^3 \\ 1 \end{pmatrix}$$

よって，極座標を用いると，(2.4.1) は

$$\begin{cases} \dot{r} = -r^3 \\ \dot{\theta} = 1 \end{cases} \quad (2.4.4)$$

のように書き直せる．これより，(2.4.1) の解は，図 2.10（右）のように原点のまわりを左回りに回転しながら，原点に近づいていくことがわかる．以上より，(2.4.1) の平衡点 $(0,0)$ は漸近安定である． □

問 2.4.2

$$\begin{cases} \dot{x} = -y + x(x^2 + y^2) \\ \dot{y} = x + y(x^2 + y^2) \end{cases}$$

の平衡点 $(0,0)$ の安定性を調べよ．

例題 2.4.1 では，極座標変換を用いることによって，平衡点の安定性を調べることができた．しかし，極座標変換がいつも有効であるとは限らない．

■ **例題 2.4.3**

$$\begin{cases} \dot{x} = y \\ \dot{y} = x - x^3 \end{cases} \tag{2.4.5}$$

の平衡点 $(1,0)$ の安定性を調べよ．

解 $f(x,y) = y$, $g(x,y) = x - x^3$ とおく．(2.4.5) の右辺のヤコビ行列は

$$\begin{pmatrix} f_x & f_y \\ g_x & g_y \end{pmatrix} = \begin{pmatrix} 0 & 1 \\ 1 - 3x^2 & 0 \end{pmatrix}$$

であるから，平衡点 $(1,0)$ のまわりの線形化行列は

$$A = \begin{pmatrix} 0 & 1 \\ -2 & 0 \end{pmatrix}$$

であり，A の固有値は $\pm\sqrt{2}i$ である．この場合，定理 2.2.7 を適用して (2.4.5) の平衡点 $(1,0)$ の安定性を判定することはできない．

また，例題 2.4.1 と同様に，極座標変換を用いて (2.4.5) を r と θ の方程式に書き直して平衡点 $(1,0)$ の安定性を調べることは可能だが，多少の困難があるかもしれない．

そこで，(2.4.5) を数値的に解いて原点のまわりの流れの様子を調べてみる．図 2.11 は，数式処理ソフトウェア Mathematica を用いて (2.4.5) を解いたものであり，解が $(1,0)$ のまわりを右回りに回転し，楕円のような閉曲線を描くことを示唆している．実際，$y = \dot{x}$ であるから，(2.4.5) の第 2 式の左辺と右辺にそれぞれ y と $\dot{x}$ を掛けて，t で積分すると

$$\int y \frac{dy}{dt} dt = \int (x - x^3) \frac{dx}{dt} dt, \quad \therefore \quad (x^2 - 1)^2 + 2y^2 = C$$

を得る．ここで，C は任意定数である．よって，(2.4.5) の解は，閉曲線 $(x^2 - 1)^2 + 2y^2 = C$ を描く．以上より，(2.4.5) の平衡点 $(1,0)$ は中立安定である．　□

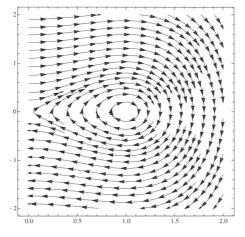

図2.11 (2.4.5) の $(1,0)$ 付近の流れ

注意2.4.4 (2.4.5)はハミルトン系とよばれる微分方程式であり，本章6節で再度取り上げる．平衡点 $(1,0)$ は中立安定な平衡点であり，そのまわりを取り囲むような周期軌道の族が存在する．

一般に，2次元の微分方程式において，平衡点のまわりの線形化行列が（0以外の）純虚数の固有値をもつ場合，平衡点のまわりの流れは，平衡点のまわりを同心円状に回転する流れを少し変形したものになる．すなわち，解は回転しながら平衡点に近づく（漸近安定平衡点）か，回転しながら平衡点から離れていく（不安定平衡点）か，平衡点のまわりの閉曲線上を回転し続ける（中立安定平衡点）かのいずれかに分類される．ただし，その分類を数学解析だけで実行することは現実的でない．

問2.4.5
$$\begin{cases} \dfrac{dx}{dt} = x - x^3 - y \\ \dfrac{dy}{dt} = 2x - y \end{cases}$$

の平衡点 $(0,0)$ のまわりの線形化行列の固有値を求めよ．また，この微分方程式をコンピュータを利用して数値的に解くことによって，平衡点 $(0,0)$ の安定性を調べよ．

2.5 周期解の安定性

n 次元の微分方程式

$$\dot{\mathbf{x}} = \mathbf{f}(\mathbf{x}), \qquad \mathbf{x} = (x_1, \cdots, x_n), \qquad \mathbf{f}(\mathbf{x}) = (f_1(\mathbf{x}), \cdots, f_n(\mathbf{x})) \qquad (2.5.1)$$

が与えられているとする．このとき，ある正の数 T に対して

$$\phi(t+T) = \phi(t) \quad \text{for all } t$$
$$\phi(t_1) \neq \phi(t_2) \quad \text{for all } 0 < |t_1 - t_2| < T$$

をみたす解 $\mathbf{x} = \phi(t)$ を (2.5.1) の周期解といい，T をその周期という．また，周期解の描く解軌道

$$\Gamma = \{\, \phi(t) \mid 0 \leq t \leq T \,\}$$

を周期軌道という．周期軌道は図 2.12 のような閉曲線になる．

周期解の安定性についても，平衡点の安定性と同様に議論することができる．

[定義 2.5.1] (2.5.1) の周期軌道 Γ の十分近くから出発するすべての解軌道が常に Γ の近くにとどまるとき，周期解 $\phi(t)$ は安定であるという．このとき，さらに，Γ の十分近くから出発するすべての解軌道が時間とともに Γ に限りなく近づくならば，周期解 $\phi(t)$ は漸近安定であるという．また，$\phi(t)$ が安定でないとき，$\phi(t)$ は不安定であるという．

注意 2.5.2 n 次元空間 $\mathbf{R}^n$ 上の点 $\mathbf{p}$ と平衡点 $\mathbf{x}^*$ の間の距離は，単純に $\|\mathbf{p} - \mathbf{x}^*\|$ で測る．ここで，$\|\ \|$ は $\mathbf{R}^n$ 上のノルムであり，

$$\|\mathbf{x}\| = \max_{1 \leq j \leq n} |x_j|$$

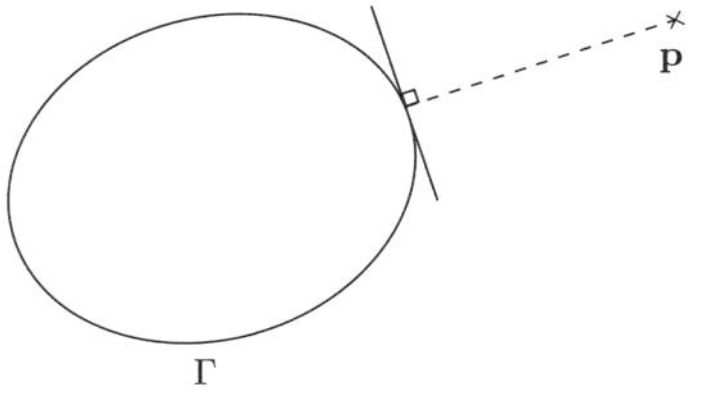

図 2.12 周期軌道 Γ と点 $\mathbf{p}$ の間の距離

で定義される．これに対して，点 $\mathbf{p}$ と周期解 $\phi(t)$ の間の距離は，図 2.12 のように点 $\mathbf{p}$ と $\phi(t)$ が最も接近しているところで測る．すなわち，

$$d(\mathbf{p}, \Gamma) = \min_{0 \leq t \leq T} || \mathbf{p} - \phi(t) ||$$

を点 $\mathbf{p}$ と周期解 $\phi(t)$ の間の距離と定義する．これは，点 $\mathbf{p}$ と周期解 $\phi(t)$ の間の距離が，点 $\mathbf{p}$ と閉曲線 Γ の間の距離として定義されることを意味する．また，定義 2.5.1 を数学的に厳密に述べると，次のようになる．

- (2.5.1) の周期解 $\phi(t)$ が安定であるとは，任意の $\varepsilon > 0$ に対して，ある $\delta > 0$ が存在して，$d(\mathbf{x}_0, \Gamma) < \delta$ ならば $d(\mathbf{x}(t; \mathbf{x}_0), \Gamma) < \varepsilon$ $(t \geq 0)$ が成り立つときをいう．ここで，$\mathbf{x}(t; \mathbf{x}_0)$ は初期条件 $\mathbf{x}(0) = \mathbf{x}_0$ をみたす解である．このとき，さらに，$\lim_{t \to \infty} d(\mathbf{x}(t; \mathbf{x}_0), \Gamma) = 0$ が成り立てば，$\phi(t)$ は漸近安定であるという．また，$\phi(t)$ が安定でないとき，$\phi(t)$ は不安定であるという．

◨ **例題 2.5.3** $a > 0$ のとき，微分方程式

$$\begin{cases} \dot{x} = ax - y - x(x^2 + y^2) \\ \dot{y} = x + ay - y(x^2 + y^2) \end{cases} \quad (2.5.2)$$

が周期解をもつことを示し，その安定性を調べよ．

解 例題 2.4.1 と同様に，極座標変換

$$\begin{cases} x = r \cos \theta \\ y = r \sin \theta \end{cases}$$

を用いて (2.5.2) を (r, θ) の方程式に書き直すと

$$\begin{cases} \dot{r} = ar - r^3 \\ \dot{\theta} = 1 \end{cases} \quad (2.5.3)$$

となることがわかる．

$r = r(t)$ のみたす方程式 $\dot{r} = ar - r^3$ の平衡点を求めよう. $\dot{r} = 0$ より $ar - r^3 = 0$ であるが, $r \geq 0$ なので $r = 0, \sqrt{a}$ を得る. これより, (2.5.2) は周期解

$$\phi(t) = (\sqrt{a}\cos(t+C), \sqrt{a}\sin(t+C)), \quad (C \text{ は任意定数})$$

をもつことがわかる. $\phi(t)$ の周期は $T = 2\pi$ であり, その周期軌道

$$\Gamma = \{ \phi(t) \mid 0 \leq t \leq 2\pi \}$$

は原点を中心とする半径 $\sqrt{a}$ の円である.

また, $r = \sqrt{a}$ は $\dot{r} = ar - r^3$ の漸近安定な平衡点である. よって, (2.5.2) の解は, 図 2.13 のように原点のまわりを左回りに一定の角速度で回転しながら, 周期軌道 Γ に近づく. すなわち, 周期解 $\phi(t)$ は漸近安定である. □

問 2.5.4 (2.5.3) を導け. また, $r = \sqrt{a}$ が $\dot{r} = ar - r^3$ の漸近安定な平衡点であることを確かめよ.

注意 2.5.5 孤立した周期軌道はリミットサイクル (limit cycle) とよばれることもある. ここで, 孤立とは, その周期軌道のまわりに他の周期軌道が存在しないことを意味する. したがって, 例題 2.5.3 の周期軌道はリミットサイクル

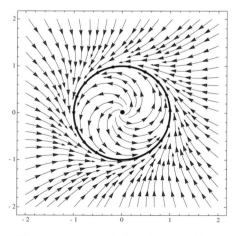

図 2.13 $a = 1$ のときの (2.5.2) の流れ

2.5 周期解の安定性

である．これに対し，例題 2.4.3 の図 2.11 における点 $(1,0)$ 付近の無数の周期軌道は，どれもリミットサイクルではない．

微分方程式の平衡点の安定性は，平衡点のまわりの線形化方程式（線形化行列）を用いて調べることができた．同様に，周期解の安定性は，周期解のまわりで微分方程式を線形化することによって調べることができる．

$\boldsymbol{\phi}(t)$ を $\dot{\mathbf{x}} = \mathbf{f}(\mathbf{x})$ の周期解とする．

$$\mathbf{x} = \boldsymbol{\phi}(t) + \mathbf{v} \tag{2.5.4}$$

とおく．ここで，$\mathbf{v} = \mathbf{v}(t)$ は周期解 $\boldsymbol{\phi}(t)$ からの「ズレ」を表し，十分小さいと仮定する．(2.5.4) を $\dot{\mathbf{x}} = \mathbf{f}(\mathbf{x})$ の右辺に代入すると

$$\mathbf{f}(\mathbf{x}) = \mathbf{f}(\boldsymbol{\phi}(t) + \mathbf{v}) = \mathbf{f}(\boldsymbol{\phi}(t)) + \frac{\partial \mathbf{f}}{\partial \mathbf{x}}(\boldsymbol{\phi}(t))\mathbf{v} + R$$

を得る．ここで，R は $\mathbf{v}$ に関して 2 次以上の項である．一方，$\boldsymbol{\phi}(t)$ は $\dot{\mathbf{x}} = \mathbf{f}(\mathbf{x})$ の解であるから，$\dot{\boldsymbol{\phi}}(t) = \mathbf{f}(\boldsymbol{\phi}(t))$ より

$$\dot{\mathbf{x}} = \dot{\boldsymbol{\phi}}(t) + \dot{\mathbf{v}} = \mathbf{f}(\boldsymbol{\phi}(t)) + \dot{\mathbf{v}}$$

である．よって，

$$\dot{\mathbf{v}} = \frac{\partial \mathbf{f}}{\partial \mathbf{x}}(\boldsymbol{\phi}(t))\mathbf{v} + R$$

を得る．上式の R の項を無視して得られる

$$\dot{\mathbf{v}} = A(t)\mathbf{v}, \quad A(t) = \frac{\partial \mathbf{f}}{\partial \mathbf{x}}(\boldsymbol{\phi}(t)) \tag{2.5.5}$$

を周期解 $\boldsymbol{\phi}(t)$ に関する線形化方程式あるいは変分方程式という．

周期解 $\boldsymbol{\phi}(t)$ の周期を T とすると，行列 $A(t)$ も周期 T をもつ．実際，$\boldsymbol{\phi}(t+T) = \boldsymbol{\phi}(t)$ より

$$A(t+T) = \frac{\partial \mathbf{f}}{\partial \mathbf{x}}(\boldsymbol{\phi}(t+T)) = \frac{\partial \mathbf{f}}{\partial \mathbf{x}}(\boldsymbol{\phi}(t)) = A(t)$$

である．また，$\dot{\boldsymbol{\phi}}(t) = \mathbf{f}(\boldsymbol{\phi}(t))$ の両辺を t で微分すれば

$$\frac{d\dot{\boldsymbol{\phi}}}{dt}(t) = \frac{\partial \mathbf{f}}{\partial \mathbf{x}}(\boldsymbol{\phi}(t))\frac{d\boldsymbol{\phi}}{dt}(t)$$

であるから，$\boldsymbol{\psi}(t) = \dot{\boldsymbol{\phi}}(t)$ とおくと，$\dot{\boldsymbol{\psi}}(t) = A(t)\boldsymbol{\psi}(t)$ が成り立つ．よって，(2.5.5) の解の1つは $\boldsymbol{\psi} = \boldsymbol{\psi}(t)$ であり，その周期は T である．実際，$\boldsymbol{\phi}(t)$ の周期は T であるから，$\boldsymbol{\psi}(t) = \dot{\boldsymbol{\phi}}(t)$ の周期も T である．

(2.5.5) は n 次元の線形常微分方程式であり，n 個の線形独立な解をもつ．今，$\mathbf{v}_1 = \boldsymbol{\psi}$ 以外の $n-1$ 個の解 $\mathbf{v}_2, \cdots, \mathbf{v}_n$ が見つかって，$\mathbf{v}_1, \mathbf{v}_2, \cdots, \mathbf{v}_n$ は線形独立であるとしよう．これら n 個の解 $\mathbf{v}_1, \mathbf{v}_2, \cdots, \mathbf{v}_n$ を並べてつくった行列

$$X(t) = (\mathbf{v}_1(t) \ \mathbf{v}_2(t) \ \cdots \ \mathbf{v}_n(t))$$

は正則であって，$\dot{X}(t) = A(t)X(t)$ をみたす．このとき

$$Y(t) = X(t)X^{-1}(0) \tag{2.5.6}$$

とおくと，$Y(0) = E$ (E は単位行列) であり，$\dot{Y}(t) = A(t)Y(t)$ が成り立つ．$Y(t)$ を基本解行列という．$Y(t)$ を用いると，初期値 $\mathbf{v}(0) = \mathbf{v}_0$ をもつ (2.5.5) の解は

$$\mathbf{v}(t) = Y(t)\mathbf{v}_0 \tag{2.5.7}$$

で与えられる．また，

$$M = Y(T) \tag{2.5.8}$$

をモノドロミー行列 (monodromy matrix) という．

問 2.5.6 $Y(t)$ が (2.5.5) と $Y(0) = E$ をみたすことを確かめよ．また，(2.5.7) によって定義される $\mathbf{v}(t)$ が，初期値 $\mathbf{v}(0) = \mathbf{v}_0$ をもつ (2.5.5) の解であることを確かめよ．

問 2.5.7 (1) $Y(t+T) = Y(t)Y(T)$ と $Y(T)^{-1} = Y(-T)$ が成り立つことを示せ．
(2) $Y(nT) = Y(T)^n$，$(n = 0, \pm 1, \pm 2, \cdots)$ が成り立つことを示せ．

モノドロミー行列 M の固有値をフロケ乗数 (Floquet multiplier) という．次の定理は，周期解 $\boldsymbol{\phi}(t)$ の安定性が，フロケ乗数の絶対値によって判定されることを意味する．

定理 2.5.8 (2.5.8) で定義されたモノドロミー行列 M は常に固有値 1 をもつ．また，1 以外のすべての固有値の絶対値が 1 よりも小さいならば，周期

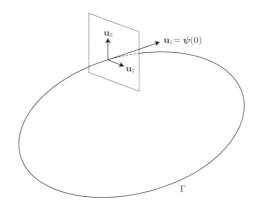

図 2.14　周期軌道からのズレ $\mathbf{u}_1 = \boldsymbol{\psi}(0)$, $\mathbf{u}_2$, $\mathbf{u}_3$ ($n=3$ の場合).

解 $\boldsymbol{\phi}(t)$ は漸近安定である．一方，絶対値が 1 よりも大きい固有値が 1 つでもあれば，周期解 $\boldsymbol{\phi}(t)$ は不安定である．

定理 2.5.8 の証明については，[7, 4.5 節] を参照してほしい．ここでは，定理 2.5.8 が成り立つ理由を直観的に説明する．

(2.5.5) の解 $\mathbf{v} = \mathbf{v}(t)$ は周期解 $\boldsymbol{\phi}(t)$ からの「ズレ」を周期解 $\boldsymbol{\phi}(t)$ に沿って測ったものである．したがって，モノドロミー行列 M は，周期解 $\boldsymbol{\phi}(t)$ からのズレが，1 周期分の時間 T だけ経過した後に，どの程度変化するのかを表していると考えられる．

時刻 $t = 0$ における，周期解 $\boldsymbol{\phi}(t)$ からの初期のズレが時間の経過とともにどのように変化するのかを考えよう．この初期のズレは，周期解 $\boldsymbol{\phi}(t)$ に沿った成分とそれ以外の成分に分解することができる．ここで，周期解 $\boldsymbol{\phi}(t)$ に沿った成分とは $\boldsymbol{\psi}(0) = \dot{\boldsymbol{\phi}}(0)$ 方向の成分であり（$\dot{\boldsymbol{\phi}}(0)$ は周期軌道 Γ 上の点 $\boldsymbol{\phi}(0)$ における接ベクトル），それ以外の成分とは $\boldsymbol{\psi}(0)$ と線形独立な方向の成分である（図 2.14）．

さて，$\boldsymbol{\psi}(t)$ は (2.5.5) の解であり，その初期値は $\boldsymbol{\psi}(0)$ であるから，基本解行列 $Y(t)$ を用いて $\boldsymbol{\psi}(t) = Y(t)\boldsymbol{\psi}(0)$ と表される．よって，$\boldsymbol{\psi}(t)$ の周期が T であることに注意すれば

$$M\boldsymbol{\psi}(0) = Y(T)\boldsymbol{\psi}(0) = \boldsymbol{\psi}(T) = \boldsymbol{\psi}(0)$$

となる．これは，モノドロミー行列 M が固有値 1 をもつことを意味しており，周期解からの初期のズレの周期解 $\phi(t)$ に沿った成分が，1 周期分の時間 T だけ経過しても変化しないことを示している．

モノドロミー行列 M の固有値を $\alpha_1 = 1, \alpha_2, \cdots, \alpha_n$ とし，対応する固有ベクトルを $\mathbf{u}_1 = \boldsymbol{\psi}(0), \mathbf{u}_2, \cdots, \mathbf{u}_n$ とする．周期解からの初期のズレのうちの $\boldsymbol{\psi}(0)$ と線形独立な方向の成分は，$\mathbf{u}_2, \cdots, \mathbf{u}_n$ 方向の成分である．

今，$\alpha_2, \cdots, \alpha_n$ のうちのどれか 1 つの絶対値が 1 よりも大きいと仮定し，例えば，$|\alpha_2| > 1$ とする．十分小さい $\varepsilon > 0$ に対して，(2.5.5) の解 $\mathbf{v} = \mathbf{v}(t)$ であって初期値が $\mathbf{v}(0) = \varepsilon \mathbf{u}_2$ であるものを考えると，

$$\mathbf{v}(nT) = \varepsilon \alpha_2^n \mathbf{u}_2, \qquad (n = 1, 2, 3, \cdots) \tag{2.5.9}$$

が成り立つことがわかる．実際，

$$\mathbf{v}(T) = Y(T)\mathbf{v}(0) = M(\varepsilon \mathbf{u}_2) = \varepsilon M \mathbf{u}_2 = \varepsilon \alpha_2 \mathbf{u}_2$$

$$\mathbf{v}(2T) = Y(T+T)\mathbf{v}(0) = Y(T)Y(T)\mathbf{v}(0)$$

$$= M^2(\varepsilon \mathbf{u}_2) = \varepsilon M^2 \mathbf{u}_2 = \varepsilon \alpha_2^2 \mathbf{u}_2$$

であり，これを繰り返し続けていけばよい．$|\alpha_2| > 1$ であるから，(2.5.9) より $\lim_{n \to \infty} ||\mathbf{v}(nT)|| = +\infty$ となる．このことは，周期解からの初期のズレのうちの $\mathbf{u}_2$ 方向の成分が，時間が経つにつれて拡大していくことを意味している．

同様に考えると，$\alpha_2, \cdots, \alpha_n$ の絶対値がすべて 1 よりも小さいときは，周期解からの初期のズレのうちの $\boldsymbol{\psi}(0)$ と線形独立な方向のすべての成分は，時間が経つにつれて縮小していくことがわかるだろう．

■ **例題 2.5.9** 定理 2.5.8 を用いて，例題 2.5.3 の微分方程式 (2.5.2) の周期解 $\phi(t) = (\sqrt{a}\cos t, \sqrt{a}\sin t)$ の安定性を調べよ．

解 $f(x,y) = ax - y - x(x^2 + y^2)$，$g(x,y) = x + ay - y(x^2 + y^2)$ とおく．

$$f_x = a - 3x^2 - y^2, \quad f_y = -1 - 2xy,$$
$$g_x = 1 - 2xy, \quad g_y = a - x^2 - 3y^2$$

であるから，周期解 $\phi(t)$ に関する線形化方程式

2.5 周期解の安定性

$$\dot{\mathbf{v}} = A(t)\mathbf{v} \tag{2.5.10}$$

の係数行列は

$$A(t) = \begin{pmatrix} f_x(\phi(t)) & f_y(\phi(t)) \\ g_x(\phi(t)) & g_y(\phi(t)) \end{pmatrix} = \begin{pmatrix} -2a\cos^2 t & -1 - 2a\cos t \sin t \\ 1 - 2a\cos t \sin t & -2a\sin^2 t \end{pmatrix}$$

となる．この方程式の解の 1 つは $\dot{\phi}(t) = (-\sqrt{a}\sin t, \sqrt{a}\cos t)$ であるから，

$$\mathbf{v}_1 = \mathbf{v}_1(t) = \begin{pmatrix} -\sin t \\ \cos t \end{pmatrix}$$

とおく．(2.5.10) は線形微分方程式であるから，$\mathbf{v}_1(t)$ も解である．$\mathbf{v}_1(t)$ と線形独立な解を求めるために，$\mathbf{v}_1(t)$ と直交する方向に注目して

$$\mathbf{v} = \mathbf{v}(t) = C(t)\begin{pmatrix} \cos t \\ \sin t \end{pmatrix}$$

とおく．これを (2.5.10) に代入すると，$C(t)$ は $\dot{C} = -2aC$ をみたすことがわかる．よって，

$$\mathbf{v}_2 = \mathbf{v}_2(t) = e^{-2at}\begin{pmatrix} \cos t \\ \sin t \end{pmatrix}$$

は $\mathbf{v}_1(t)$ と線形独立な解である．したがって，

$$X(t) = (\mathbf{v}_1(t)\ \mathbf{v}_2(t)) = \begin{pmatrix} -\sin t & e^{-2at}\cos t \\ \cos t & e^{-2at}\sin t \end{pmatrix}$$

とおくと，

$$Y(t) = X(t)X^{-1}(0) = \begin{pmatrix} e^{-2at}\cos t & -\sin t \\ e^{-2at}\sin t & \cos t \end{pmatrix}$$

となる．$Y(t)$ は (2.5.10) の基本解行列である．よって，モノドロミー行列は

$$M = Y(2\pi) = \begin{pmatrix} e^{-4\pi a} & 0 \\ 0 & 1 \end{pmatrix}$$

であり，その固有値は 1 と $e^{-4\pi a}$ である．$|e^{-4\pi a}| < 1$ であるから，定理 2.5.8 より周期解 $\boldsymbol{\phi}(t)$ は漸近安定である． □

　この例題では，周期解 $\boldsymbol{\phi}(t)$ に関する線形化方程式の解として，$\dot{\boldsymbol{\phi}}(t)$ と線形独立なものを具体的に求めることができた．しかし，これは稀なケースである．大半の場合においては，$\dot{\boldsymbol{\phi}}(t)$ と線形独立な解を具体的に計算して，モノドロミー行列を求めることはできない．それゆえ，定理 2.5.8 は，厳密な数学解析において利用されるよりも，数値計算によって周期解の安定性を確かめるときの基礎として利用されている．実際，周期解に関する線形化方程式のモノドロミー行列を数値的に求め，その固有値を数値的に求めれば，周期解の安定性を数値的に判定することができる．

注意 2.5.10　第 3 章で見るように，微分方程式 (2.5.2) は超臨界ホップ分岐の標準形である．

注意 2.5.11　3 次元以上の空間内で定義された微分方程式の周期解は，複雑な形の閉曲線を描くことがある．この事実からも，周期解の安定性を厳密な数学解析によって判定することは，一般に難しい問題であることが示唆される．

2.6　保存系と勾配系

2.6.1　保存系

　$\mathbf{x}(t)$ は微分方程式 $\dot{\mathbf{x}} = \boldsymbol{f}(\mathbf{x})$ の解であるとする．スカラー値関数 $E = E(\mathbf{x})$ に対して

$$\frac{d}{dt}E(\mathbf{x}(t)) = 0$$

が成り立つとき，$\dot{\mathbf{x}} = \boldsymbol{f}(\mathbf{x})$ は保存量 E をもつ保存系とよばれる．ただし，関数 $E(\mathbf{x})$ の値が $\mathbf{x}$ によらず常に一定となるような場合は除いて考える．

■ **例題 2.6.1**　$x > 0, y > 0$ で定義された微分方程式

$$\begin{cases} \dot{x} = rx - axy \\ \dot{y} = bxy - cy \end{cases} \tag{2.6.1}$$

が保存量 $E(x,y) = -c\log x + bx - r\log y + ay$ をもつことを示し，平衡点 $(c/b, r/a)$ の安定性を調べよ．

解

$$\frac{d}{dt}E(x(t),y(t)) = \frac{\partial E}{\partial x} \cdot \frac{dx}{dt} + \frac{\partial E}{\partial y} \cdot \frac{dy}{dt}$$
$$= (-c/x + b)(rx - axy) + (-r/y + a)(bxy - cy) = 0$$

であるから，(2.6.1) は保存量 E をもつ保存系である．したがって，(2.6.1) の解は E の等高線 $E(x,y) = C$（C は定数）の上を動く．

関数 $E(x,y)$ のグラフを描いてみよう．

$$E_x = -c/x + b = 0, \qquad E_y = -r/y + a = 0$$

より $(x,y) = (c/b, r/a)$ を得る．また，

$$E_{xx} = c/x^2, \qquad E_{xy} = 0, \qquad E_{yy} = r/y^2$$

であるから，$(x,y) = (c/b, r/a)$ において $E_{xx} > 0$ および $D = E_{xx}E_{yy} - E_{xy}^2 > 0$ が成り立つ．よって，$E(x,y)$ は $x > 0, y > 0$ において $(x,y) = (c/b, r/a)$ で極小かつ最小となり，$E(x,y)$ のグラフおよび等高線は図 2.15 のようになる．

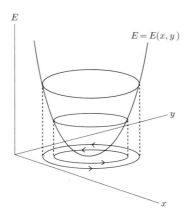

図 2.15　$E(x,y)$ のグラフと等高線

これより，平衡点 $(c/b, r/a)$ は中立安定であることがわかる．また，平衡点 $(c/b, r/a)$ のまわりに無数の周期軌道が存在することもわかる． □

例題 2.6.1 で見たように，保存系は漸近安定な平衡点をもたない（中立安定な平衡点をもつことはありうる）．

参考 2.6.2 数学的に正確に述べると，保存量 $E(\mathbf{x})$ がみたすべき条件は，「どんな開集合上においても，関数 $E(\mathbf{x})$ は一定値をとらない」となる．この条件の下で，保存系が漸近安定な平衡点をもたないことは次のようにして示される．もし，保存系が漸近安定な平衡点 $\mathbf{x}^*$ をもつと仮定すると，$\mathbf{x}^*$ のある近傍（開集合）B から出発する解はすべて $\mathbf{x}^*$ に収束する．このことは，保存量 $E(\mathbf{x})$ が B 上で一定値 $E(\mathbf{x}^*)$ をとることを意味しており，$E(\mathbf{x})$ がみたすべき条件に反する．

一般の微分方程式に対して保存量を見つけることは難しいが，ハミルトン系とよばれる微分方程式については，保存量がすぐにわかる．ここでは，最も簡単な自由度 1 のハミルトン系について述べる．

[定義 2.6.3] 2 変数関数 $H(x, y)$ を用いて，

$$\begin{cases} \dot{x} = \dfrac{\partial H}{\partial y} \\ \dot{y} = -\dfrac{\partial H}{\partial x} \end{cases} \tag{2.6.2}$$

で表される 2 次元の微分方程式を自由度 1 のハミルトン系という．

$H(x, y)$ はハミルトン系 (2.6.2) の保存量である．実際，$(x(t), y(t))$ を解とするとき，

$$\frac{d}{dt} H(x(t), y(t)) = \frac{\partial H}{\partial x} \cdot \frac{dx}{dt} + \frac{\partial H}{\partial y} \cdot \frac{dy}{dt} = \frac{\partial H}{\partial x} \cdot \frac{\partial H}{\partial y} - \frac{\partial H}{\partial y} \cdot \frac{\partial H}{\partial x} = 0$$

が成り立つ．よって，ハミルトン系の解は H の等高線（エネルギー等位面ともいう）$H(x, y) = c$ の上を動く．

x 軸上にある質量 m の質点が，ニュートンの運動方程式

$$m\ddot{x} = f(x) \tag{2.6.3}$$

にしたがって運動しているとする．ここで，$f(x)$ が $\dot{x}$ と t に依存しないことに注意しよう．

$$V(x) = -\int f(x)dx$$

とおく．$V(x)$ はポテンシャルエネルギー (potential energy) とよばれ，位置エネルギーの概念を一般化したものである．このとき，(2.6.3) は

$$m\ddot{x} + \frac{dV}{dx} = 0$$

書ける．上式の両辺に $\dot{x}$ をかけると

$$m\dot{x}\ddot{x} + \frac{dV}{dx}\dot{x} = 0 \quad \therefore \quad \frac{d}{dt}\left(\frac{1}{2}m\dot{x}^2 + V(x)\right) = 0$$

となる．したがって，

$$E = E(x, \dot{x}) = \frac{1}{2}m\dot{x}^2 + V(x)$$

と定義すると，(2.6.3) の解 $x(t)$ に対して

$$\frac{d}{dt}E(x(t), \dot{x}(t)) = 0$$

が成り立ち，E が保存量であることがわかる．E が (2.6.3) で定義される系の全エネルギー (total energy) を表すことから，この結果は系のエネルギー保存則を示している．

さて，$y = m\dot{x}$ とおき，(2.6.3) を

$$\begin{cases} \dot{x} = \dfrac{y}{m} \\ \dot{y} = f(x) \end{cases} \tag{2.6.4}$$

のように書き直す．このとき，

$$H = H(x, y) = E(x, y/m) = \frac{1}{2m}y^2 + V(x)$$

とおくと，上の方程式は

$$\begin{cases} \dot{x} = \dfrac{\partial H}{\partial y} \\ \dot{y} = -\dfrac{\partial H}{\partial x} \end{cases}$$

のように書けるので，(2.6.4) はハミルトン系である．したがって，その解は H の等高線 $H(x,y) = c$ の上を運動する．H が系の全エネルギーを表すことから，(2.6.4) の解はエネルギー等位面の上を運動するということもある．

■ **例題 2.6.4** 例題 2.4.3 で扱った微分方程式

$$\begin{cases} \dot{x} = y \\ \dot{y} = x - x^3 \end{cases} \quad (2.6.5)$$

がハミルトン系であることを示し，平衡点 $(1,0)$ の安定性を調べよ．

解 $H(x,y) = y^2/2 + (x^2-1)^2/4$ とおくと，(2.6.5) は

$$\dot{x} = \frac{\partial H}{\partial y}, \quad \dot{y} = -\frac{\partial H}{\partial x}$$

のように書けるので，ハミルトン系である．したがって，解は等高線 $H(x,y) = y^2/2 + (x^2-1)^2/4 = c$ の上を動く．これより，(2.6.5) の定義する流れは例題 2.4.3 の図 2.11 のようになり，平衡点 $(1,0)$ は中立安定である． □

問 2.6.5 2 次元の微分方程式 $\dot{x} = f(x,y)$, $\dot{y} = g(x,y)$ がハミルトン系であるための必要十分条件は $f_x(x,y) + g_y(x,y) = 0$ であることを示せ．

参考 2.6.6 一般に，熱によるエネルギーの散逸がなく，まわりの環境からの影響を受けない現象で，ニュートンの運動方程式によって記述される系はハミルトン系である．また，自由度 n のハミルトン系は，$2n$ 変数の関数 $H(\mathbf{x}, \mathbf{y})$ $(\mathbf{x}, \mathbf{y} \in \mathbf{R}^n)$ を用いて，

$$\dot{x}_j = \frac{\partial H}{\partial y_j}, \quad \dot{y}_j = -\frac{\partial H}{\partial x_j} \quad (j = 1, 2, \cdots, n)$$

で与えられる．

2.6.2 勾配系

スカラー値関数 $U = U(\mathbf{x})$ に対して，ベクトル

$$\nabla U = \begin{pmatrix} \dfrac{\partial U}{\partial x_1} \\ \vdots \\ \dfrac{\partial U}{\partial x_n} \end{pmatrix}$$

を U の勾配という．また，

$$\dot{\mathbf{x}} = -\nabla U(\mathbf{x}) \tag{2.6.6}$$

で定義される微分方程式を勾配系という．(2.6.6) の解 $\mathbf{x}(t)$ に対して，

$$\frac{d}{dt} U(\mathbf{x}(t)) = \frac{\partial U}{\partial x_1} \cdot \frac{dx_1}{dt} + \cdots + \frac{\partial U}{\partial x_n} \cdot \frac{dx_n}{dt} = -\sum_{j=1}^{n} \left(\frac{dx_j}{dt}\right)^2 \leq 0 \tag{2.6.7}$$

が成り立つ．ただし，等号成立はすべての j に対して $\dot{x}_j = 0$ が成り立つとき，すなわち，解が平衡点である場合に限る．

関数 $U = U(\mathbf{x})$ をポテンシャル (potential) という．(2.6.7) より，勾配系の解は，ポテンシャル U の値を減少させる方向へ動いていくことがわかる．

問 2.6.7 関数 U の勾配 ∇U が次の性質をもつことを示せ．
(1) 勾配 ∇U は等高面 $U(\mathbf{x}) = c$ に対して直交する．
(2) 関数 U の点 $\mathbf{a}$ における勾配 $\nabla U(\mathbf{a})$ の方向は，関数 U の点 $\mathbf{a}$ における $\mathbf{n}$ 方向微分

$$\frac{\partial U}{\partial \mathbf{n}}(\mathbf{a}) = \frac{d}{ds} U(\mathbf{a} + s\mathbf{n})\Big|_{s=0} = \nabla U(\mathbf{a}) \cdot \mathbf{n}$$

の値を最大にする $\mathbf{n}$ の方向と一致する．ただし，$\mathbf{n}$ は大きさ 1 の単位ベクトルであり，$\sum_{j=1}^{n} n_j^2 = 1$ をみたす．

勾配系は周期解をもたない．このことは次のようにして示される．もし，(2.6.6) が周期 T の周期解 $\mathbf{x}^*(t)$ をもつと仮定すると，$U(\mathbf{x}^*(0)) = U(\mathbf{x}^*(T))$ である．一方，

$$\frac{d}{dt} U(\mathbf{x}^*(t)) < 0$$

より $U(\mathbf{x}^*(t))$ は t について単調減少であるから，$U(\mathbf{x}^*(0)) > U(\mathbf{x}^*(T))$ となり矛盾が生じる．よって，周期解は存在しない．

勾配系の平衡点は，$\nabla U(\mathbf{x}) = \mathbf{0}$ をみたす $\mathbf{x}$ として定義される．次の定理は，勾配系においては，任意の有界な解が平衡点に近づくことを意味している．

定理 2.6.8 勾配系 (2.6.6) の平衡点全体の集合を

$$S = \{\, \mathbf{x} \mid \nabla U(\mathbf{x}) = \mathbf{0} \,\}$$

とする．(2.6.6) の解 $\mathbf{x}(t)$ が有界，すなわち，ある $C > 0$ に対して，$\|\mathbf{x}(t)\| \leq C$ が成り立つとき，

$$\lim_{t \to \infty} d(\mathbf{x}(t), S) = 0$$

が成り立つ．ここで，$d(\mathbf{p}, S)$ は点 $\mathbf{p}$ と集合 S の間の距離を表す．すなわち，

$$d(\mathbf{p}, S) = \min_{\mathbf{y} \in S} \|\mathbf{p} - \mathbf{y}\|$$

ただし，$\| \ \|$ は $\mathbf{R}^n$ 上のノルムであり，$\|\mathbf{x}\| = \max_{1 \leq j \leq n} |x_j|$ で定義される．

定理 2.6.8 より，有限個の平衡点をもつ勾配系の有界な解は，$t \to \infty$ のときどれか 1 つの平衡点に収束することがわかる．定理 2.6.8 の証明については，[1, 付録 A.4] を参照してほしい．

■ **例題 2.6.9** 次の微分方程式の解のダイナミクスを調べよ．

$$\dot{x} = x - x^3 \tag{2.6.8}$$

解 本章 1 節では，(2.6.8) の定義する 1 次元直線上のベクトル場を考えることによって，解のダイナミクスを調べた．ここでは，(2.6.8) が勾配系であることを利用して，解のダイナミクスを調べる．

$U(x) = -\int (x - x^3) dx = (1 - x^2)^2/4$ とおくと，(2.6.8) は

$$\dot{x} = -\frac{\partial U}{\partial x}$$

と書ける．よって，(2.6.8) は勾配系であり，その解はポテンシャル U の値を減少させる方向へ動く（図 2.16）．よって，初期値 x_0 をもつ解を $x(t; x_0)$ で表

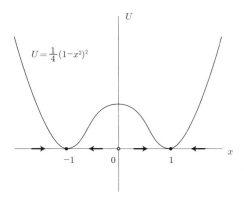

図 2.16 $U(x)$ のグラフ

すとき,

$$x_0 < 0 \implies \lim_{t\to\infty} x(t;x_0) = -1$$
$$x_0 > 0 \implies \lim_{t\to\infty} x(t;x_0) = 1$$

が成り立つ．したがって，平衡点 $x = \pm 1$ は漸近安定であり，$x = 0$ は不安定である． □

問 2.6.10 2 次元の微分方程式 $\dot{x} = f(x,y)$, $\dot{y} = g(x,y)$ が勾配系であるための必要十分条件は $f_y(x,y) - g_x(x,y) = 0$ であることを示せ．

2.7 平衡点の大域安定性とリアプノフの方法

この節では，平衡点のまわりの線形化行列の固有値を調べることなく，平衡点の安定性を判定する方法について述べる．

定理 2.7.1 微分方程式 $\dot{\mathbf{x}} = \mathbf{f}(\mathbf{x})$ は平衡点 $\mathbf{x}^*$ をもち，次の性質をみたす関数 $V(\mathbf{x})$ が存在するとしよう．

- $V(\mathbf{x})$ は $\mathbf{x} = \mathbf{x}^*$ で最小になる．すなわち，$V(\mathbf{x}) > m$ ($\mathbf{x} \neq \mathbf{x}^*$) および $V(\mathbf{x}^*) = m$ が成り立つ．
- $\mathbf{x}(t)$ を平衡点 $\mathbf{x}^*$ 以外の解とするとき，$\dfrac{d}{dt}V(\mathbf{x}(t)) < 0$ が成り立つ．

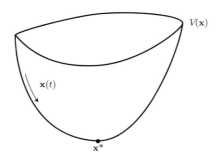

図 2.17 リアプノフ関数

このとき，平衡点 $\mathbf{x}^*$ は大域的に漸近安定である[2]．すなわち，任意の初期値 $\mathbf{x}_0$ から出発する解 $\mathbf{x}(t;\mathbf{x}_0)$ に対して，$\lim_{t\to\infty}\mathbf{x}(t;\mathbf{x}_0) = \mathbf{x}^*$ が成り立つ．

定理 2.7.1 は，図 2.17 のように，$\dot{\mathbf{x}} = \mathbf{f}(\mathbf{x})$ の解が，関数 $V(\mathbf{x})$ の値を減少させる方向へ動いていくことを意味している．この図から，すべての解が平衡点 $\mathbf{x}^*$ に収束することがわかるだろう．定理 2.7.1 の証明については，[7, 第 4 章] を参照してほしい．

関数 $V(\mathbf{x})$ はリアプノフ関数 (Lyapunov function) とよばれる．勾配系とは限らない一般の微分方程式であっても，勾配系におけるポテンシャルと同様の役割を演じる関数（リアプノフ関数）が見つかれば，平衡点の安定性を示すことができる．

■ 例題 2.7.2　例題 2.4.1 で扱った微分方程式

$$\begin{cases} \dot{x} = -y - x(x^2+y^2) \\ \dot{y} = x - y(x^2+y^2) \end{cases}$$

について，平衡点 $(0,0)$ が漸近安定であることを示せ．

解　$V(x,y) = x^2 + y^2$ と定義すると，$V(0,0) = 0$ および

$$V(x,y) > 0, \quad (x,y) \neq (0,0)$$

---

[2] 大域的な安定性とは，あらゆる点から出発する解に関する性質である．一方，局所的な安定性とは，平衡点の近くから出発する解に関する性質であり，通常の定義 2.2.1 にもとづく．単に，安定というときは，局所安定を意味する．

が成り立つ．また，$(x(t), y(t)) \neq (0,0)$ のとき

$$\begin{aligned}\frac{d}{dt}V(x(t), y(t)) &= \frac{\partial V}{\partial x} \cdot \frac{dx}{dt} + \frac{\partial V}{\partial y} \cdot \frac{dy}{dt} \\ &= 2x(-y - x(x^2 + y^2)) + 2y(x - y(x^2 + y^2)) \\ &= -2(x^2 + y^2)^2 < 0\end{aligned}$$

が成り立つ．よって，平衡点 $(0,0)$ は大域的に漸近安定である． □

◼ 例題 **2.7.3** $b > c$ のとき，

$$\begin{cases} \dot{x} = ax(1-x) - xy \\ \dot{y} = bxy - cy \end{cases}$$

の平衡点 $(c/b, a(1 - c/b))$ の安定性を調べよ．

解 $x > 0, y > 0$ に対して，$V(x, y) = -c \log x + bx - a(1 - c/b) \log y + y$ と定義する．$V(x, y)$ は $x > 0, y > 0$ において，$(x, y) = (c/b, a(1 - c/b))$ で最小値をとる．実際，

$$V_x = -c/x + b = 0, \qquad V_y = -a(b-c)/(by) + 1 = 0$$

より $(x, y) = (c/b, a(1 - c/b))$ を得る．また，

$$V_{xx} = c/x^2, \qquad V_{xy} = 0, \qquad V_{yy} = a(b-c)/(by^2)$$

であるから，$(x, y) = (c/b, a(1-c/b))$ において $V_{xx} > 0$ および $D = V_{xx}V_{yy} - V_{xy}^2 > 0$ が成り立つ．よって，$V(x, y)$ は $x > 0, y > 0$ において $(x, y) = (c/b, a(1 - c/b))$ で極小かつ最小となることがわかる．また，

$$\begin{aligned}\frac{d}{dt}V(x(t), y(t)) &= \frac{\partial V}{\partial x} \cdot \frac{dx}{dt} + \frac{\partial V}{\partial y} \cdot \frac{dy}{dt} \\ &= \left(-\frac{c}{x} + b\right)(ax(1-x) - xy) + \left(-\frac{a(b-c)}{by} + 1\right)(bxy - cy) \\ &= -a(bx-c)^2/b \leq 0\end{aligned}$$

が成り立つ．ただし，上式において等号が成立するのは，$x = c/b$ のときであるが，$(x, y) \neq (c/b, a(1-c/b))$ のとき，解は直線 $x = c/b$ 上にとどまることはできない．したがって，平衡点 $(c/b, a(1-c/b))$ は <u>$x > 0, y > 0$ において大域的に漸近安定</u>である．すなわち，$x > 0, y > 0$ 上の任意の点から出発する解は $(c/b, a(1-c/b))$ に収束する． □

このように，リアプノフ関数が見つかりさえすれば，平衡点の漸近安定性は容易に示すことができる．しかし，リアプノフ関数を見つけるための一般的な方法論は存在しない．それゆえ，平衡点の安定性を調べるには，平衡点のまわりの線形化行列の固有値の符号を調べて定理 2.2.13 を適用するほうが多い．

注意 2.7.4 リアプノフ関数の定義域は全領域（空間全体）でなくてもよい．この場合，平衡点の大域安定性はその定義域の範囲内において考える．また，リアプノフ関数が定義できる範囲では，周期解が存在しない．このことは，前節で述べたように，勾配系が周期解をもたないのと同様である．

問 2.7.5
$$\begin{cases} \dot{x} = y - x^3 \\ \dot{y} = -x - y^3 \end{cases}$$
の平衡点 $(0, 0)$ の安定性を調べよ．また，この微分方程式が周期解をもたないことを示せ．

2.8 相平面解析

この節では，2 次元の微分方程式によって定義される xy 平面上の流れの様子を調べる．最初に，よく用いられる基本的な概念と用語（不変集合，安定多様体，不安定多様体，ホモクリニック軌道，ヘテロクリニック軌道など）の説明を行った後，いくつかの具体的な 2 次元の微分方程式によって定義される流れの様子を調べる．

2.8.1 基本用語

ここでは，微分方程式によって定義される流れを理解するときにキーとなるいくつかの基本的な概念と用語を説明する．これらは，微分方程式が定義さ

れている空間の次元によらない一般的なものである．

以下では，n 次元の微分方程式 $\dot{\mathbf{x}} = \mathbf{f}(\mathbf{x})$ の解で，初期値 $\mathbf{x}_0$ から出発するものを $\mathbf{x}(t; \mathbf{x}_0)$ で表す．

[定義 2.8.1] n 次元空間 $\mathbf{R}^n$ 上の集合 S について

$$\mathbf{x}_0 \in S \implies \mathbf{x}(t; \mathbf{x}_0) \in S \quad \text{for all} \ \ t$$

が成り立つとき，S を不変集合 (invariant set) という．

注意 2.8.2 S が多様体（曲面）であるとき，S を不変多様体 (invariant manifold) ということもある．

不変集合内の点から出発する解は，その不変集合の外部に出ることなく，その中に閉じ込められたままになる．

解軌道が枝分かれしたり，交差したりしないことに注意すると，初期値 $\mathbf{x}_0$ から出発する解，すなわち，点 $\mathbf{x}_0$ を通る解軌道

$$S = \{ \, \mathbf{x} \, | \, \mathbf{x} = \mathbf{x}(t; \mathbf{x}_0) \text{ をみたす } t \text{ が存在する} \, \}$$

は不変集合である．とくに，平衡点や周期軌道は不変集合である．

また，不変集合で囲まれた閉領域も不変集合である．例えば，微分方程式が xy 平面上で定義された 2 次元の方程式であれば，周期軌道で囲まれた閉領域（周期軌道を含む）は不変集合である．

[定義 2.8.3] 平衡点 $\mathbf{x}^*$ に対して，集合

$$W^s(\mathbf{x}^*) = \{ \, \mathbf{x}_0 \, | \, \lim_{t \to \infty} \mathbf{x}(t; \mathbf{x}_0) = \mathbf{x}^* \, \}$$

を $\mathbf{x}^*$ の安定多様体 (stable manifold) という．また，集合

$$W^u(\mathbf{x}^*) = \{ \, \mathbf{x}_0 \, | \, \lim_{t \to -\infty} \mathbf{x}(t; \mathbf{x}_0) = \mathbf{x}^* \, \}$$

を $\mathbf{x}^*$ の不安定多様体 (unstable manifold) という．

平衡点 $\mathbf{x}^*$ の安定多様体とは，$t \to \infty$ のとき $\mathbf{x}^*$ に収束する解の初期値の全体からなる集合である．同様に，平衡点 $\mathbf{x}^*$ の不安定多様体とは，$t \to -\infty$ の

とき $\mathbf{x}^*$ に収束する解の初期値の全体からなる集合である．安定多様体と不安定多様体は，不変集合である．

ハートマン・グロブマンの定理（定理 2.2.10）により，双曲型平衡点のまわりの流れが平衡点のまわりの線形化方程式で記述されることから，双曲型平衡点の安定多様体と不安定多様体について，次の性質が成り立つことがわかる．

定理 2.8.4 双曲型平衡点 $\mathbf{x}^*$ のまわりの線形化行列の固有値で，実部が正と負のものの個数を，それぞれ n_+, n_- ($n_+ + n_- = n$) で表す．$\mathbf{x}^*$ の安定多様体 $W^s(\mathbf{x}^*)$ は n_- 次元曲面であり，実部が負の固有値に対応する線形独立な（一般化）固有ベクトルで張られる平面に $\mathbf{x}^*$ で接する．また，$\mathbf{x}^*$ の不安定多様体 $W^u(\mathbf{x}^*)$ は n_+ 次元曲面であり，実部が正の固有値に対応する線形独立な（一般化）固有ベクトルで張られる平面に $\mathbf{x}^*$ で接する．

この定理の証明は，定理 2.2.10 の証明の中に含まれる．ここでは，具体例を通して，定理 2.8.4 の意味を説明する．

例題 2.2.9 で見たように，

$$\begin{cases} \dot{x} = x(2-x-y) \\ \dot{y} = x-y \end{cases} \quad (2.8.1)$$

の平衡点 $O(0,0)$ のまわりの線形化行列

$$A = \begin{pmatrix} f_x(0,0) & f_y(0,0) \\ g_x(0,0) & g_y(0,0) \end{pmatrix} = \begin{pmatrix} 2 & 0 \\ 1 & -1 \end{pmatrix}$$

は，正の固有値 $\lambda_+ = 2$ と負の固有値 $\lambda_- = -1$ をもち，対応する固有ベクトルはそれぞれ $\mathbf{v}_+ = (3, 1)$ と $\mathbf{v}_- = (0, 1)$ である．よって，平衡点 O の安定多様体 $W^s(O)$ は，O において $\mathbf{v}_- = (0, 1)$ に接する曲線（この場合は y 軸）であり，平衡点 O の不安定多様体 $W^u(O)$ は，O において $\mathbf{v}_+ = (3, 1)$ に接する曲線である（図 2.18）．この図から，双曲型平衡点 O のまわりの解のダイナミクスは，安定多様体 $W^s(O)$ と不安定多様体 $W^u(O)$ によって特徴づけられることがわかる．

注意 2.8.5 双曲型でない平衡点，すなわち，平衡点のまわりの線形化行列が

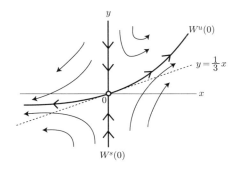

図 2.18　安定多様体 $W^s(O)$ と不安定多様体 $W^u(O)$

図 2.19　ホモクリニック軌道とヘテロクリニック軌道

実部 0 の固有値をもつ場合は，例題 2.3.1 で見たように，平衡点のまわりの解のふる舞いは，中心多様体上の解のダイナミクスによって特徴づけられる．

[定義 2.8.6]　平衡点 $\mathbf{x}^*$ に対して，

$$\lim_{t \to -\infty} \mathbf{x}(t) = \lim_{t \to \infty} \mathbf{x}(t) = \mathbf{x}^*, \qquad \mathbf{x}(t) \not\equiv \mathbf{x}^*$$

をみたす解 $\mathbf{x}(t)$ の軌道をホモクリニック軌道 (homoclinic orbit) という (図 2.19 左)．また，異なる 2 つの平衡点 $\mathbf{x}_1^*, \mathbf{x}_2^*$ に対して，

$$\lim_{t \to -\infty} \mathbf{x}(t) = \mathbf{x}_1^*, \qquad \lim_{t \to \infty} \mathbf{x}(t) = \mathbf{x}_2^*$$

をみたす解 $\mathbf{x}(t)$ の軌道をヘテロクリニック軌道 (heteroclinic orbit) という (図 2.19 右)．

定義 2.8.6 より，Γ が平衡点 $\mathbf{x}^*$ に関するホモクリニック軌道であるとき，

$$\Gamma \subset W^u(\mathbf{x}^*) \cap W^s(\mathbf{x}^*) \neq \emptyset$$

が成り立つ．同様に，Γ が平衡点 $\mathbf{x}_1^*$ から平衡点 $\mathbf{x}_2^*$ へ向かうヘテロクリニック軌道であるとき，

$$\Gamma \subset W^u(\mathbf{x}_1^*) \cap W^s(\mathbf{x}_2^*) \neq \emptyset$$

が成り立つ.

以下の例で見るように，微分方程式によって定義される流れの全体像を把握するためには，例題 2.1.12 で述べた方法によって流れの様子を大まかに調べるだけでなく，平衡点や周期解の存在を確かめて，それらの安定性を調べたり，平衡点の安定多様体や不安定多様体，ホモクリニック軌道やヘテロクリニック軌道を調べることが重要になる.

2.8.2 ロトカ・ボルテラ方程式

第 1 章で述べたように，ロトカ・ボルテラ方程式は競合する 2 種の生物種の個体数の時間変化を記述するモデル方程式である:

$$\begin{cases} \dot{x}_1 = r_1 \left(1 - \dfrac{x_1 + a_{12} x_2}{K_1}\right) x_1 \\ \dot{x}_2 = r_2 \left(1 - \dfrac{x_2 + a_{21} x_1}{K_2}\right) x_2 \end{cases} \tag{2.8.2}$$

ここで，x_1, x_2 は種 1 と種 2 の個体数を表す．また，r_1, r_2 は種 1 と種 2 の増殖率，K_1, K_2 は種 1 と種 2 に関する環境収容力，a_{12}, a_{21} は種 1 と種 2 の間の競争係数を表す正のパラメータである．

x_1, x_2 は生物の個体数を表しているから，$x_1 \geq 0, x_2 \geq 0$ でなければならない．このことから，$x_{10} \geq 0, x_{20} \geq 0$ のとき，(x_{10}, x_{20}) を初期値とする解 $(x_1(t; x_{10}, x_{20}), x_2(t; x_{10}, x_{20}))$ は $x_1(t; x_{10}, x_{20}) \geq 0, x_2(t; x_{10}, x_{20}) \geq 0$ をみたすと思われる．すなわち，

$$S = \{\, (x_1, x_2) \mid x_1 \geq 0,\ x_2 \geq 0 \,\}$$

は不変集合である．実際，

$$\begin{aligned} f_1(x_1, x_2) &= r_1 \left(1 - \dfrac{x_1 + a_{12} x_2}{K_1}\right) x_1, \\ f_2(x_1, x_2) &= r_2 \left(1 - \dfrac{x_2 + a_{21} x_1}{K_2}\right) x_2 \end{aligned}$$

とおくと，x_1 軸上で $f_2 = 0$ および

$$0 < x_1 < K_1 \implies f_1(x_1, 0) > 0,$$
$$x_1 = K_1 \implies f_1(x_1, 0) = 0,$$
$$x_1 > K_1 \implies f_1(x_1, 0) < 0$$

が成り立ち，x_2 軸上で $f_1 = 0$ および

$$0 < x_2 < K_2 \implies f_2(0, x_2) > 0,$$
$$x_2 = K_2 \implies f_2(0, x_2) = 0,$$
$$x_2 > K_2 \implies f_2(0, x_2) < 0$$

が成り立つ．したがって，x_1, x_2 軸上の流れは図 2.20 のようになる．この図より，集合 $\{(x_1, x_2) \mid x_1 \geq 0, x_2 = 0\}$ と $\{(x_1, x_2) \mid x_1 = 0, x_2 \geq 0\}$ は不変集合であり，これらによって囲まれた閉領域 S は不変集合であることがわかる．以下では，S 上の流れを調べる．

$f_1 = 0$ より $x_1 = 0$, $x_1 + a_{12} x_2 = K_1$ であり，$f_2 = 0$ より $x_2 = 0$, $x_2 + a_{21} x_1 = K_2$ であるから，2 直線

$$\ell_1 : x_1 + a_{12} x_2 = K_1, \quad \ell_2 : x_2 + a_{21} x_1 = K_2$$

の位置関係に応じて，S 上の流れは次の図 2.21 のような 4 通りに分類される．

(1) S において常に ℓ_1 が ℓ_2 の上側にある場合．この場合は，$K_1 > K_2/a_{21}$ かつ $K_2 < K_1/a_{12}$ が成り立つことに注意する．

$f_1 = f_2 = 0$ より S 上の平衡点は $(0,0)$, $(K_1, 0)$, $(0, K_2)$ の 3 つである．また，ℓ_1 と ℓ_2 によって S は 3 つの領域に分けられる．それらの各領域上にお

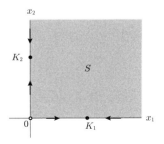

図 **2.20** x_1, x_2 軸上の流れ

74　第 2 章　安定性

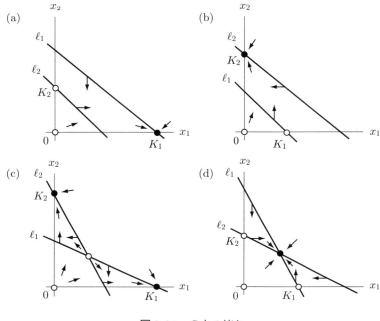

図 2.21　S 上の流れ

いて，(2.8.2) によって定義される流れの速度ベクトルを記入すると，図 2.21 (a) のようになる．これより，S の内部の点 (x_{10}, x_{20}) $(x_{10} > 0, x_{20} > 0)$ から出発する解は，平衡点 $(K_1, 0)$ に収束することがわかる．よって，平衡点 $(0, 0)$，$(0, K_2)$ は不安定であり，$(K_1, 0)$ は安定である．このことは，種 1 が競争に勝って生き残り，種 2 が競争に負けて絶滅することを意味している．

(2) S において常に ℓ_1 が ℓ_2 の下側にある場合．この場合は，$K_1 < K_2/a_{21}$ かつ $K_2 > K_1/a_{12}$ が成り立つことに注意する．(1) と同様に，S 上の平衡点は $(0, 0)$，$(K_1, 0)$，$(0, K_2)$ である．また，図 2.21 (b) を見ればわかるように，S の内部の点 (x_{10}, x_{20}) $(x_{10} > 0, x_{20} > 0)$ から出発する解は，平衡点 $(0, K_2)$ に収束する．よって，平衡点 $(0, 0)$，$(K_1, 0)$ は不安定であり，$(0, K_2)$ は安定である．このことは，種 1 が競争に負けて絶滅し，種 2 が競争に勝って生き残ることを意味している．

(3) S において ℓ_1 と ℓ_2 が交わり，$K_1 > K_2/a_{21}$ かつ $K_2 > K_1/a_{12}$ が成り

立つ場合．$f_1 = f_2 = 0$ より，S 上の平衡点は $(0,0)$，$(K_1, 0)$，$(0, K_2)$ と

$$\mathbf{x}^* = (x_1^*, x_2^*) = \left(\frac{a_{12}K_2 - K_1}{a_{12}a_{21} - 1}, \frac{a_{21}K_1 - K_2}{a_{12}a_{21} - 1} \right)$$

の4つである．また，ℓ_1 と ℓ_2 によって S は4つの領域に分けられる．それらの各領域上において，(2.8.2) によって定義される流れの速度ベクトルを記入すると，図2.21 (c) のようになる．これより，S の内部の点 (x_{10}, x_{20}) $(x_{10} > 0, x_{20} > 0)$ から出発する解は，$(x_{10}, x_{20}) \neq (x_1^*, x_2^*)$ ならば平衡点 $(K_1, 0)$ か $(0, K_2)$ のいずれかに収束することがわかる．解が2つのうちのどちらに収束するかは，(x_{10}, x_{20}) の選び方に依存して決まる．また，平衡点 $(0,0)$，(x_1^*, x_2^*) は不安定であり，$(K_1, 0)$，$(0, K_2)$ は安定である．

具体的な計算を行うと，平衡点 $\mathbf{x}^* = (x_1^*, x_2^*)$ のまわりの線形化行列

$$\left(\frac{\partial f_i}{\partial x_j}(\mathbf{x}^*) \right) = \begin{pmatrix} r_1 - \dfrac{2r_1}{K_1}x_1^* - \dfrac{r_1 a_{12}}{K_1}x_2^* & -\dfrac{r_1 a_{12}}{K_1}x_1^* \\ -\dfrac{r_2 a_{21}}{K_2}x_2^* & r_2 - \dfrac{2r_2}{K_2}x_2^* - \dfrac{r_2 a_{21}}{K_2}x_1^* \end{pmatrix} \quad (2.8.3)$$

は正と負の固有値を1つずつもつことがわかる（問 2.8.8）．よって，平衡点 $\mathbf{x}^*$ はサドルであり，$\mathbf{x}^*$ の安定多様体 $W^s(\mathbf{x}^*)$ と不安定多様体 $W^u(\mathbf{x}^*)$ の次元はともに1である．このことと図2.21 (c) により，平衡点 $(0,0)$ と (x_1^*, x_2^*) を結ぶヘテロクリニック軌道 Γ_0，平衡点 (x_1^*, x_2^*) と $(K_1, 0)$ を結ぶヘテロクリニック軌道 Γ_1，平衡点 (x_1^*, x_2^*) と $(0, K_2)$ を結ぶヘテロクリニック軌道 Γ_2，平衡点 (x_1^*, x_2^*) と無限遠点を結ぶ解軌道 Γ_∞ があり，

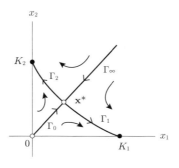

図 2.22 安定多様体 $W^s(\mathbf{x}^*)$ と 不安定多様体 $W^u(\mathbf{x}^*)$

$$W^s(\mathbf{x}^*) = \Gamma_0 \cup \Gamma_\infty \cup \{\mathbf{x}^*\}, \quad W^u(\mathbf{x}^*) = \Gamma_1 \cup \Gamma_2 \cup \{\mathbf{x}^*\}$$

が成り立ち，S 上の流れは図 2.22 のようになる．この図より，安定多様体 $W^s(\mathbf{x}^*)$ より下側の点を初期値にもつ解は，$(K_1, 0)$ へ収束し，上側の点を初期値にもつ解は $(0, K_2)$ に収束する．すなわち，解のダイナミクスは，安定多様体 $W^s(\mathbf{x}^*)$ を境にして大きく異なる．

(4) S において ℓ_1 と ℓ_2 が交わり，$K_1 < K_2/a_{21}$ かつ $K_2 < K_1/a_{12}$ が成り立つ場合．(3) と同様に，S 上の平衡点は $(0,0)$，$(K_1,0)$，$(0, K_2)$ と (x_1^*, x_2^*) である．また，図 2.21 (d) を見ればわかるように，S の内部の点 (x_{10}, x_{20}) $(x_{10} > 0, x_{20} > 0)$ から出発する解は，平衡点 (x_1^*, x_2^*) に収束する．よって，平衡点 $(0,0)$，$(K_1,0)$，$(0, K_2)$ は不安定であり，(x_1^*, x_2^*) は安定である．このことは，種 1 と種 2 が共存してともに生き残ることを意味する．

種 1 と種 2 が共存して生き残るための必要十分条件は，$K_1 < K_2/a_{21}$ かつ $K_2 < K_1/a_{12}$ が成り立つことである．これは，

$$a_{12} < \frac{K_1}{K_2} < \frac{1}{a_{21}}$$

と同値である．この条件が種 1 と種 2 の内的自然増加率 r_1 と r_2 に依存しないことに注意しよう．これより，種 1 と種 2 が共存して生き残るための必要条件 $a_{12}a_{21} < 1$ を得る．この必要条件が競争係数のみで表されることに注意しよう．

また，(2.8.2) を

$$\begin{cases} \dot{x}_1 = r_1 x_1 \left(1 - \dfrac{1}{K_1} \cdot x_1 - \dfrac{a_{12}}{K_1} \cdot x_2\right) \\ \dot{x}_2 = r_2 x_2 \left(1 - \dfrac{a_{21}}{K_2} \cdot x_1 - \dfrac{1}{K_2} \cdot x_2\right) \end{cases}$$

のように書き直すと，$1/K_1$ と a_{21}/K_2 はそれぞれ種 1 の 1 個体が自種個体群と他種個体群に与える増加抑制効果を表し，$1/K_2$ と a_{12}/K_1 はそれぞれ種 2 の 1 個体が自種個体群と他種個体群に与える増加抑制効果を表すことがわかる．一方，種 1 と種 2 が共存して生き残るための必要十分条件 $K_1 < K_2/a_{21}$ かつ $K_2 < K_1/a_{12}$ は，$1/K_1 > a_{21}/K_2$ かつ $1/K_2 > a_{12}/K_1$ のように書き直せる．

よって，種1の1個体が自種個体群に与える増加抑制効果は，その1個体が他種個体群に与える増加抑制効果よりも大きい．同様に，種2の1個体が自種個体群に与える増加抑制効果は，その1個体が他種個体群に与える増加抑制効果よりも大きい．したがって，両方の種において，自種による増加抑制効果の方が他種による増加抑制効果よりも強い場合に，両種は安定に共存できる．

注意 2.8.7 図2.22を見ればわかるように，微分方程式の解のダイナミクスは，サドル点 $\mathbf{x}^*$ の安定多様体 $W^s(\mathbf{x}^*)$ を境にして大きく異なる．一般に，サドル点の安定多様体を構成する解軌道はセパラトリックス (separatrix) とよばれている．この例では，Γ_0, Γ_∞ がセパラトリックスである．

問 2.8.8 (2.8.3) で与えられる線形化行列について，
$$\det\left(\frac{\partial f_i}{\partial x_j}(\mathbf{x}^*)\right) = -\frac{r_1 r_2 (a_{12} K_2 - K_1)(a_{21} K_1 - K_2)}{K_1 K_2 (a_{12} a_{21} - 1)}$$
が成り立つことを示し，$K_1 > K_2/a_{21}$ かつ $K_2 > K_1/a_{12}$ ならば正と負の固有値が1つずつあることを示せ．

2.8.3 弛緩振動

負性抵抗を含む図2.23のような LC 回路を考える．負性抵抗は流れる電流によって異なる非線形特性をもつとして，
$$R(I) = -r_0 + r_1 I + r_2 I^2, \quad (r_0, \ r_2 > 0)$$
とおく．キルヒホッフの法則より
$$L\frac{dI}{dt} + R(I)I + \frac{Q}{C} = 0, \qquad I = \frac{dQ}{dt}$$

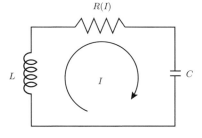

図 2.23 LC 回路

が成り立つ．この両辺を t で微分すると

$$L\frac{d^2 I}{dt^2} + (-r_0 + 2r_1 I + 3r_2 I^2)\frac{dI}{dt} + \frac{I}{C} = 0$$

を得る．ここで，無次元化

$$t = \sqrt{LC}\,\tau, \qquad I = \sqrt{\frac{r_0}{3r_2}}\,x, \qquad r_0\sqrt{\frac{C}{L}} = \mu, \qquad \frac{r_1}{\sqrt{3r_0 r_2}} = \beta$$

を行うと，次の方程式を得る．

$$x'' - \mu(1 - 2\beta x - x^2)x' + x = 0, \qquad \mu > 0$$

ただし，$(\prime)$ は τ による微分を表す．

上式において $\beta = 0$ とおき，変数 τ を改めて t と書くことにすれば

$$\ddot{x} - \mu(1 - x^2)\dot{x} + x = 0 \tag{2.8.4}$$

を得る．これはファン・デル・ポル (van der Pol) が発振器の解明のために初めて用いたものであり，ファン・デル・ポル方程式とよばれている．(2.8.4) はただ 1 つのパラメータ μ のみを含む単純な形の方程式であるにもかかわらず，多くの物理現象の説明に役立つ．

μ が大きいとき，上の方程式の解のダイナミクスを調べよう．そのために，(2.8.4) を 2 次元の微分方程式に書き直そう．

$$\ddot{x} - \mu(1 - x^2)\dot{x} = \frac{d}{dt}\left(\dot{x} + \mu\left(\frac{x^3}{3} - x\right)\right)$$

に注意して，

$$f(x) = \frac{x^3}{3} - x, \qquad w = \dot{x} + \mu f(x)$$

とおくと，(2.8.4) は

$$\begin{cases} \dot{x} = w - \mu f(x) \\ \dot{w} = -x \end{cases}$$

のように書き直せる．この方程式に対して，変数変換（リスケーリング）

$$y = \frac{w}{\mu}, \qquad \tau = \mu t, \qquad \varepsilon = \frac{1}{\mu^2}$$

を行った後，変数 τ を改めて t と書き直せば，次の方程式を得る：

$$\begin{cases} \dot{x} = y - f(x) \\ \dot{y} = -\varepsilon x \end{cases} \tag{2.8.5}$$

ここで，ε は十分小さい正の数である．

以後は，(2.8.5) を議論の出発点とし，ε が十分小さいときの方程式の解のダイナミクスを調べよう．

(2.8.5) において $\varepsilon = 0$ とおくと，

$$\begin{cases} \dot{x} = y - f(x) \\ \dot{y} = 0 \end{cases} \tag{2.8.6}$$

となる．図 2.24 は (2.8.6) の解のダイナミクスを表す．ε が十分小さいとき，(2.8.5) の解のダイナミクスは (2.8.6) で近似されると考えられる．よって，点 (x_0, y_0) から出発する (2.8.5) の解は，y の値をほぼ一定の値 $y = y_0$ に保ちながら，曲線 Γ_+ 上の点 $(h^+(y_0), y_0)$ もしくは曲線 Γ_- 上の点 $(h^-(y_0), y_0)$ に近づくと考えてよいだろう．ここで，曲線 Γ_+ と Γ_- は，それぞれ

$$\Gamma_+ = \{ (x,y) \mid y = f(x),\ x \geq 1,\ y \geq -2/3 \}$$
$$\Gamma_- = \{ (x,y) \mid y = f(x),\ x \leq -1,\ y \leq 2/3 \}$$

で定義され，関数 $x = h^+(y)$ と $x = h^-(y)$ は，それぞれ領域 $x \geq 1, y \geq -2/3$ および $x \leq -1, y \leq 2/3$ における $y = f(x)$ の逆関数 $x = f^{-1}(y)$ として定義されている．

曲線 Γ_+ は (2.8.5) の解を引き寄せるという性質をもっているが，曲線 Γ_+ 上の点は (2.8.5) の平衡点ではありえない．したがって，ε が十分小さいとき，点 (x_0, y_0) から出発する (2.8.5) の解は，曲線 Γ_+ 上の点 $(h^+(y_0), y_0)$ に十分

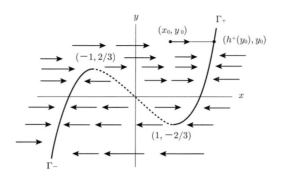

図 2.24 (2.8.6) の解のダイナミクス

近づいた後，曲線 Γ_+ の上をゆっくりと運動していくと思われる．このゆっくりとした運動を調べるために，変数変換（リスケーリング）

$$\tau = \varepsilon t \tag{2.8.7}$$

を行うと，t に関する微分方程式 (2.8.5) は，τ に関する微分方程式

$$\begin{cases} \varepsilon x' = y - f(x) \\ y' = -x \end{cases} \tag{2.8.8}$$

に変換される．ここで，$(\prime)$ は τ による微分を表す．

t と τ はともに時刻を表す変数であるが，τ は t に比べてゆっくりとした変化を記述するのに適している．それゆえ，τ をスロー時間変数 (slow time variable) という．

注意 2.8.9 時間を測る単位「秒」と「時」の間には

$$1 \text{時間} = 3600 \text{秒}$$

という関係があるので，t を「秒」，τ を「時」を表す時間変数とすれば

$$\tau = \varepsilon t, \qquad \varepsilon = \frac{1}{3600} = 0.000277\cdots$$

が成り立つ．このことから，(2.8.7) によって導入された τ が（t に比べて）スロー時間変数とよばれる理由がわかるだろう．

(2.8.8) において $\varepsilon = 0$ とおくと,

$$\begin{cases} 0 = y - f(x) \\ y' = -x \end{cases} \quad (2.8.9)$$

となる.曲線 Γ_+ の近くでは,(2.8.9) の第 1 式より,$x = h^+(y)$ である.よって,$x = h^+(y)$ を (2.8.9) の第 2 式へ代入して

$$y' = -h^+(y) \quad (2.8.10)$$

を得る.ただし,$x = h^+(y)$ である.(2.8.10) はスロー時間変数 τ に関する微分方程式であり,ε が十分小さいとき,曲線 Γ_+ に沿ってゆっくりと運動する (2.8.5) の解のダイナミクスを記述する.このとき,(2.8.7) を用いて,(2.8.10) をもとの時間変数 t に関する微分方程式

$$\dot{y} = -\varepsilon h^+(y) \quad (2.8.11)$$

に書き直してもよい.$h^+(y) > 0$ であるから,ε が十分小さいとき,(2.8.5) の解は曲線 Γ_+ に沿ってゆっくりと下降し,点 $A(1, -2/3)$ に近づく(図 2.25).

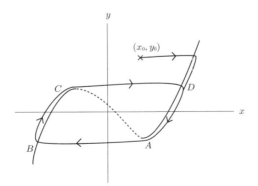

図 2.25　(2.8.5) の解のダイナミクス

ε が十分小さいとき,(2.8.5) の解は点 $A(1, -2/3)$ 付近を通過し,y の値をほぼ一定に保ちながら曲線 Γ_- 上の点 $B(h^-(-2/3), -2/3)$ に近づく.その過程は,(2.8.6) で記述されると考えてよいだろう.点 B の近くに到達した

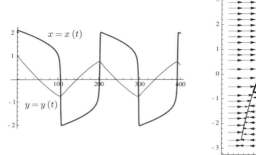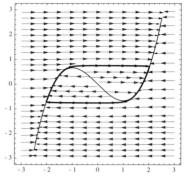

図 2.26 $\varepsilon = 0.01$ のときの (2.8.5) の数値解．左図は $x(t)$ と $y(t)$ のグラフ，右図は xy 平面上の流れ．

(2.8.5) の解は微分方程式

$$y' = -h^{-}(y) \tag{2.8.12}$$

に従い，曲線 Γ^{-} に沿ってゆっくりと上昇し，点 $C(-1, 2/3)$ に近づく．さらに，(2.8.5) の解は点 $C(-1, 2/3)$ 付近を通過し，y の値をほぼ一定に保ちながら曲線 Γ_{+} 上の点 $D(h^{+}(2/3), 2/3)$ に近づく．その後，(2.8.5) の解は曲線 Γ_{+} に沿ってゆっくりと下降し，点 $A(1, -2/3)$ に近づく．したがって，ε が十分小さいとき，(2.8.5) の解は図 2.25 のように（近似的に）

$$A \to B \to C \to D \to A \to$$

の順に周期的に移動し続ける．ここで，$A \to B$ と $C \to D$ は，時間変数 t を用いた微分方程式 (2.8.6) で近似され，$D \to A$ と $B \to C$ は，それぞれスロー時間変数 τ を用いた微分方程式 (2.8.10) と (2.8.12) で近似される．それゆえ，$A \to B$ と $C \to D$ を速い運動 (fast dynamics)，$D \to A$ と $B \to C$ を遅い運動 (slow dynamics) ということもある．

以上より，ε が十分小さいとき，(2.8.5) は図 2.26 のように速い変化と遅い変化を交互に繰り返しながら振動し続ける漸近安定な周期解をもつことがわかる．このような振動を弛緩振動 (relaxation oscillation) という．弛緩振動の例としては，興奮性細胞の膜電位の時間周期的な変化（リミットサイクル）が有名である [3, 第 4 章]．

2.8.4 境界値問題

L を正の定数とする．微分方程式

$$\frac{d^2u}{dx^2} + u - u^3 = 0, \quad 0 < x < L \tag{2.8.13}$$

の解であって，境界条件

$$u(0) = u(L) = 0 \tag{2.8.14}$$

をみたし，$0 < x < L$ 上で $u(x) > 0$ をみたすものが存在するかどうか調べてみよう．

x に関する微分 d/dx を $(')$ で表す．$u' = v$ とおくと，(2.8.13) は

$$\begin{cases} u' = v \\ v' = -u + u^3 \end{cases} \tag{2.8.15}$$

と書き直せる．x は空間を表す変数であるが，ここでは，x を時間変数と見なして相平面解析を行う．

$$f(u, v) = v, \qquad g(u, v) = -u + u^3$$

とおく．$f = g = 0$ より，平衡点は $(-1, 0), (0, 0), (1, 0)$ の 3 点である．また，$f = 0$ および $g = 0$ 上の流れのベクトルは図 2.27 (a) のようになる．さらに，$f(u, -v) = -f(u, v)$, $g(u, -v) = g(u, v)$ などの関係式より，(2.8.15) の流れには対称性がある．以上より，$\mathbf{R}^2$ 上の (2.8.15) の流れは図 2.27 (b) のようになることがわかるだろう．

$0 < a < 1$ とし，点 $P(a, 0)$ を通る解軌道を C で表す．C と v 軸の正の部分および負の部分の交点をそれぞれ Q, R とする．$x = 0$ のとき点 Q を出発し，解軌道 C に沿って進み，$x = L$ のとき点 R に到着するように a の値を定めよう．解の流れの u 軸に関する対称性から，$x = L/2$ のとき点 P を通過することに注意しよう．

(2.8.15) はハミルトン系である．実際，

$$H(u, v) = \frac{1}{2}v^2 + \frac{1}{2}u^2 - \frac{1}{4}u^4$$

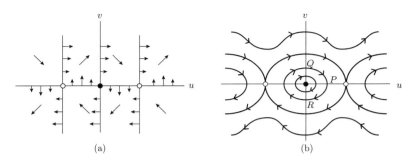

図 2.27 (2.8.15) の流れ

とおくと，(2.8.15) は

$$u' = \frac{\partial H}{\partial v}, \qquad v' = -\frac{\partial H}{\partial u}$$

と書ける．したがって，解軌道 C 上で $H(u,v)$ は一定の値 c をとる．C は点 P を通るから

$$H(a,0) = \frac{1}{2}a^2 - \frac{1}{4}a^4 = c$$

より，解軌道 C 上で

$$\frac{1}{2}v^2 + \frac{1}{2}u^2 - \frac{1}{4}u^4 = \frac{1}{2}a^2 - \frac{1}{4}a^4$$

が常に成り立つ．$0 < x < L/2$ のとき，$v = u' > 0$ であるから，上式より

$$\frac{du}{dx} = \sqrt{(a^2 - u^2) - \frac{1}{2}(a^4 - u^4)}$$

すなわち，

$$\frac{dx}{du} = \frac{1}{\sqrt{(a^2 - u^2) - \frac{1}{2}(a^4 - u^4)}}$$

を得る．$x = 0$ のとき $u = 0$ であり，$x = L/2$ のとき $u = a$ であるから，上式の両辺を u について 0 から a まで積分し，置換積分の公式を用いると

$$\int_0^{L/2} dx = \int_0^a \frac{du}{\sqrt{(a^2 - u^2) - \frac{1}{2}(a^4 - u^4)}} \tag{2.8.16}$$

となる．この式をみたすように a の値を定めれば，境界条件 (2.8.14) をみたす (2.8.13) の正の解が存在する．

$$F(a) := \int_0^a \frac{du}{\sqrt{(a^2 - u^2) - \frac{1}{2}(a^4 - u^4)}}$$

とおく．$F(a)$ は解が点 Q から出発し点 P に到着するまでの所用時間を表すことに注意しよう．Mathematica を用いてこの積分を計算すると，

$$F(a) = \frac{2}{\sqrt{4 - 2a^2}} \cdot K\left(\frac{a}{\sqrt{2 - a^2}}\right)$$

であることがわかる[3]．ここで，K は第1種完全楕円積分とよばれ

$$K(k) = \int_0^{\pi/2} \frac{d\theta}{\sqrt{1 - k^2 \sin^2 \theta}} \quad (0 < k < 1)$$

で定義される [4]．また，$K(+0) = \pi/2$, $K(1 - 0) = +\infty$ であり

$$\frac{dK(k)}{dk} = \int_0^{\pi/2} \frac{k \sin^2 \theta}{(1 - k^2 \sin^2 \theta)^{3/2}} \, d\theta > 0 \quad (0 < k < 1)$$

より，$K(k)$ は単調増加関数であることがわかる．

$K(k)$ は k の単調増加関数であるから，$F(a)$ は $0 < a < 1$ で連続かつ単調増加であり，$F(+0) = \lim_{a \to +0} F(a) = \pi/2$, $F(1 - 0) = \lim_{a \to 1 - 0} F(a) = +\infty$ をみたす．よって，$F(a) > \pi/2$ であり，$L > \pi$ のときに限り，(2.8.16) をみたす a が存在する．したがって，境界条件 (2.8.14) をみたす (2.8.13) の正の解は，$L > \pi$ のときに限り存在する．

注意 2.8.10 $a = 1$ のとき，点 P は平衡点 $(1, 0)$ と一致し，点 Q から点 P へ移動する時間が無限大になる．このことから，$F(1) = +\infty$ がわかる．一方，$a = 0$ のとき，点 P と点 Q はともに平衡点 $(0, 0)$ に一致するから $F(0) = 0$ である．しかし，平衡点の十分近くでは流れが非常に遅くなるから，a が十分小さい正の数であっても，点 Q から点 P へ移動する時間が小さいとはいえな

---

[3] 積分の値が楕円積分で表示されることはときどきある．ここで使う性質は $K(k)$ が k の連続な単調増加関数であることと，$K(+0) = \pi/2$, $K(1 - 0) = +\infty$ だけである．

い．実際，$F(a)$ は $a=0$ で不連続であり，$F(+0) = \lim_{a \to +0} F(a) = \pi/2$ である．

2.8.5　カスプ点

最後に，平衡点のまわりの線形化行列が退化した 0 固有値をもつ場合，すなわち，線形化行列の固有方程式が 0 を重解としてもち，行列の対角化ができない場合を考えよう．

◼ **例題 2.8.11**

$$\begin{cases} \dot{x} = y \\ \dot{y} = x^2 \end{cases} \tag{2.8.17}$$

の平衡点 $(0,0)$ の安定性を調べよ．

解　原点 $O(0,0)$ のまわりの線形化行列

$$A = \begin{pmatrix} 0 & 1 \\ 0 & 0 \end{pmatrix}$$

は退化した 0 固有値をもつ．この場合，定理 2.2.7 を適用して平衡点 $(0,0)$ の安定性を判定することはできない．

例題 2.1.12 と同様に考えると，(2.8.17) の流れの大まかな様子は図 2.28 のようになることがわかる．とくに，

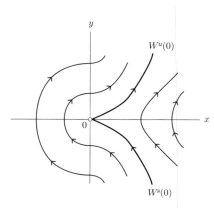

図 2.28　(2.8.17) の流れ

$$\lim_{(x,y)\to(0,0)} \frac{dy}{dx} = \lim_{(x,y)\to(0,0)} \frac{dy/dt}{dx/dt} = \lim_{(x,y)\to(0,0)} \frac{x^2}{y} = 0$$

であるから，原点 O の安定多様体 $W^s(O)$ と不安定多様体 $W^u(O)$ は，ともに原点 O で x 軸に接する．これより，平衡点 $(0,0)$ は不安定である． □

注意 2.8.12 (2.8.17) はハミルトン系である．実際，$H = -x^3/3 + y^2/2$ のとき，(2.8.17) は $\dot{x} = \partial H/\partial y, \dot{y} = -\partial H/\partial x$ のように書ける．よって，その解軌道は，$x^3/3 - y^2/2 = C$ をみたし，流れの相平面は図 2.28 のようになることがわかる．とくに，原点の安定多様体と不安定多様体は，ともに曲線 $x^3/3 - y^2/2 = 0$ 上にあり，原点で x 軸に接する．原点は曲線 $x^3/3 - y^2/2 = 0$ の特異点（カスプ）である．

問 2.8.13

$$\begin{cases} \dot{x} = y \\ \dot{y} = ax^2 + bxy \end{cases} \tag{2.8.18}$$

の平衡点 $(0,0)$ のまわりの流れの様子を調べ，平衡点 $(0,0)$ が不安定であることを確かめよ．

注意 2.8.14 (2.8.18) は平衡点のまわりの線形化行列が退化した 0 固有値をもつ場合の標準形となる方程式である [14]．このことから，2 次元の微分方程式において，平衡点のまわりの線形化行列が退化した 0 固有値を持つとき，その平衡点は generic[4] には不安定であるといえる．

参考 2.8.15

(2.8.17) によって定義される平面上の流れに現れるカスプ点（特異点）を解消し，原点のまわりの流れを解析するために，次のような座標変換を考える．

---

[4] 大まかに言うと「ほとんどの場合」という意味である．力学系理論や分岐理論では，何らかの滑らかな関数で定義される式の値が 0 でないという条件を書くのが面倒なとき，generic という用語を使ってそのような条件を書かない場合が多い（定数関数のような例外的な関数でない限り，滑らかな関数の値がある特定の値をとることはほとんどないと考える）．例えば，2 次方程式 $ax^2 + bx + c = 0$ は関数 $D = D(a,b,c) := b^2 - 4ac$ の値が 0 でないとき 2 つの異なる解をもつので，2 次方程式は generic には異なる 2 つの解をもつといえる．数学的に厳密に述べると，ある性質が generic であるとは，その性質をみたすものの集まりが可算個の開かつ稠密な集合の交わりで表せるときをいう．

$$K_1 : \begin{cases} x = r_1^2 \\ y = r_1^3 y_1 \end{cases}, \quad (x \geq 0, \ r_1 \geq 0)$$

これを (2.8.17) へ代入して整理すると

$$\dot{r}_1 = \frac{1}{2} r_1^2 y_1, \quad \dot{y}_1 = r_1 \left(1 - \frac{3}{2} y_1^2\right)$$

を得る．ここで，上式の右辺を r_1 で割る（変数変換 $d\tau/dt = r_1$ を行った後に両辺を r_1 で割り，改めて τ を t で書き直す）と，

$$\begin{cases} \dot{r}_1 = \dfrac{1}{2} r_1 y_1 \\ \dot{y}_1 = 1 - \dfrac{3}{2} y_1^2 \end{cases} \quad (2.8.19)$$

を得る．この平衡点は $(r_1, y_1) = (0, \pm\sqrt{2/3})$ である．また，(2.8.19) の流れは図 2.29 (a) のようであり，特異点は存在しない．

同様に，(2.8.17) に対して座標変換

$$K_2 : \begin{cases} x = r_2^2 x_2 \\ y = r_2^3 \end{cases}, \quad (y \geq 0, \ r_2 \geq 0)$$

を行い，得られた方程式の右辺を r_2 で割ると，

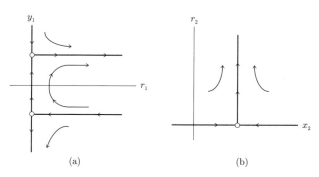

図 **2.29** (a) (2.8.19) の流れ．(b) (2.8.20) の流れ．

$$\begin{cases} \dot{x}_2 = 1 - \dfrac{2}{3}x_2^3 \\ \dot{r}_2 = \dfrac{1}{3}r_2 x_2^2 \end{cases} \qquad (2.8.20)$$

となる．この平衡点は $(x_2, r_2) = (\sqrt[3]{3/2}, 0)$ である．また，(2.8.20) の流れは図 2.29 (b) のようであり，特異点は存在しない．K_1, K_2 のような座標変換を blow up 変換という．K_1 によって導入された座標 (r_1, y_1) と K_2 によって導入された座標 (x_2, r_2) の間には，

$$\begin{cases} r_1 = r_2 x_2^{1/2} \\ y_1 = x_2^{-3/2} \end{cases}, \qquad \begin{cases} x_2 = y_1^{-2/3} \\ r_2 = r_1 y_1^{1/3} \end{cases}$$

の関係が成り立つ．

第3章

分岐

　第1章で見たように，様々な現象を微分方程式でモデル化すると，方程式の中にいくつかのパラメータが含まれる．本章では，パラメータ付きの微分方程式において，パラメータの値を変化させたときに方程式の解の構造がどのように変化するのかを考える．まず，1つのパラメータを含む1次元常微分方程式において，パラメータの値を変化させたとき平衡点の個数がどのように変化するのかを簡単な例を通して説明する．これらは，サドルノード分岐，トランスクリティカル分岐，ピッチフォーク分岐とよばれる3つの典型的な平衡点分岐の例である．次に，1つのパラメータを含む2次元常微分方程式において，パラメータの値を変化させたとき周期解が現れる場合を考える．これはホップ分岐とよばれる周期解分岐の典型的な例である．これらの簡単な例を通して，平衡点および周期解の分岐についての概念的な理解ができるだろう．その後，改めて分岐という用語の数学的な定義を与え，平衡点および周期解の分岐の基本型がサドルノード分岐，トランスクリティカル分岐，ピッチフォーク分岐とホップ分岐であることを説明する．さらに，いくつかの具体的な1次元および2次元の微分方程式モデルを通して実用的な分岐解析の方法を示した後，一般の n 次元の常微分方程式への理論的な拡張の仕方について簡単にふれる．また，2つのパラメータの値を変化させたときに生じる分岐の例として不完全分岐とカタストロフについて述べる．最後に，生物の形態形成理論の出発点となったチューリング (Turing) 理論を解説する．安定性と分岐の概念がパターン形成の問題を考えるときの最初の着眼点であることがわかるだろう．

3.1 サドルノード分岐

パラメータの値が変化するにつれて2つの平衡点が互いに接近，衝突して消滅する場合を，次の微分方程式を通して説明しよう．

$$\dot{x} = r + x^2 \tag{3.1.1}$$

ここで，パラメータはrである．$r < 0$のとき，$\dot{x} = r + x^2 = 0$ より $x = \pm\sqrt{-r}$ であるから，安定な平衡点 $-\sqrt{-r}$ と不安定な平衡点 $\sqrt{-r}$ が1つずつ存在し，パラメータの値が0に近づくと2つの平衡点は互いに近づく．実際，図3.1に見られるように，rの値が負から0に近づくと，放物線 $y = r + x^2$ は上に移動し2つの平衡点は互いに近づく．$r = 0$のときは2つの平衡点は $x^* = 0$ において合体して不安定な平衡点となる．このとき，放物線 $y = r + x^2$ と x軸は原点で接する．また，$r > 0$になった瞬間に平衡点が消滅し，それ以降平衡点は全く存在しない．

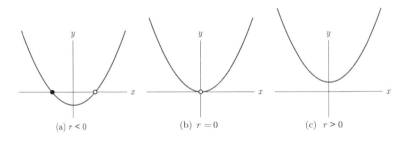

図 3.1 (3.1.1) の平衡点の個数の変化

次に，パラメータrの値を変化させたとき，(3.1.1) の定義するベクトル場がどのように変化するのかを考えよう．図3.2はパラメータrの値に関する場合分けによって，いくつかのベクトル場を示したものである．図3.3は平衡点のrに対する依存性を示しており，rを連続的に変化させている．図3.3の曲線は平衡点を表す．すなわち，$\dot{x} = 0$ より得られた $r = -x^2$ によって定義される曲線である．平衡点の安定性を区別するために，安定な平衡点を実線，不安定な平衡点を破線で表す．これらの図より，(3.1.1) のベクトル場の性質は，$r = 0$を境にして$r < 0$の場合と$r > 0$の場合で全く異なることがわかる．

図3.4 (a) は，図3.3のx軸とr軸を反転させたものである．パラメータrを

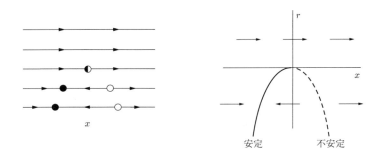

図 3.2 ベクトル場の r に対する依存性　**図 3.3** 平衡点の r に対する依存性

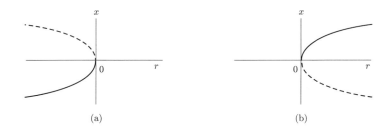

図 3.4 (a) (3.1.1) の分岐図，(b) (3.1.2) の分岐図．実線は安定平衡点，点線は不安定平衡点を表す．

独立変数とみて変化させたときに，平衡点の個数や安定性が変化する様子が理解しやすくなっている．図 3.4 (a) を (3.1.1) の分岐図という．この分岐図は平衡点に関する情報を与えるだけでなく，解のダイナミクスに関する情報も示唆していることに注意しよう．

次に，微分方程式

$$\dot{x} = r - x^2 \tag{3.1.2}$$

を考える．(3.1.1) の場合と同様に考えると，(3.1.2) は $r<0$ のとき平衡点をもたないが，$r=0$ のとき平衡点が 1 つ現れて，$r>0$ のときは 2 つの平衡点に分かれることがわかる．図 3.4 (b) は (3.1.2) の分岐図である．この例により，平衡点の生成や消滅に関する現象が分岐という言葉を用いて表現される理由がわかるだろう．

(3.1.2) の平衡点の安定性を調べよう．$\dot{x} = f(x) = r - x^2 = 0$ より $x^* = \pm\sqrt{r}$ である．よって，$r > 0$ のとき平衡点は 2 つ存在するが，$r < 0$ のとき平衡点は存在しない．線形安定性を調べるために $f'(x^*) = -2x^*$ を計算する．$x^* = \sqrt{r}$ に対しては $f'(x^*) < 0$ であるから，$x^* = \sqrt{r}$ は安定である．同様に，$x^* = -\sqrt{r}$ は不安定である．分岐点 $r = 0$ では平衡点はただ 1 つ存在する．このとき，$f'(x^*) = 0$ であり，線形解析（定理 2.1.6）によって平衡点の安定性を判定することはできない．

一般に，パラメータを含む常微分方程式において，あるパラメータの値の変化によって，以上の例のような平衡点の生成や消滅を伴うベクトル場の変化が生じるとき，サドルノード分岐 (saddle-node bifurcation) が起きるという．サドルノード分岐はフォールド分岐あるいはターニングポイント分岐とよばれることもある．

◼ 例題 3.1.1

$$\dot{x} = r + x - e^x \tag{3.1.3}$$

において r を分岐パラメータと考える．このとき，サドルノード分岐が起きることを示し，分岐点 r の値を求めよ．

解 平衡点は $f(x) = r + x - e^x = 0$ で定義される．この解は直線 $y = g(x) := r + x$ と曲線 $y = h(x) := e^x$ の交点として与えられる．$f(x) = g(x) - h(x)$ であるから，$g(x) > h(x)$ のとき $\dot{x} > 0$ となり，x 軸上の流れは右向きになる．同様に，$g(x) < h(x)$ のとき $\dot{x} < 0$ となり，x 軸上の流れは左向きになる．よって，図 3.5 (a) において，右側の平衡点は安定，左側の平衡点は不安定である．

パラメータ r の値を減少させると，直線 $y = r + x$ は下に平行移動し，2 つの平衡点が互いに近づく．図 3.5 (b) で示されているように，$r = r_c$ で直線 $y = r + x$ は曲線 $y = e^x$ に接して，平衡点はサドルノード分岐を起こして消滅する．$r < r_c$ のとき，平衡点は存在しない（図 3.5 (c)）．

分岐点 r_c の値は，直線 $y = r + x$ と曲線 $y = e^x$ が接する条件より

$$e^x = r + x, \quad \frac{d}{dx}e^x = \frac{d}{dx}(r + x)$$

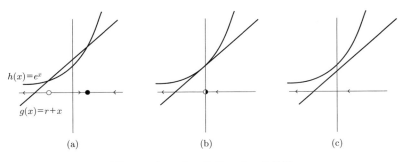

図 3.5 (3.1.3) のサドルノード分岐

で与えられる．上の第 2 式より $e^x = 1$，すなわち，$x = 0$ を得る．よって，第 1 式より $r = 1$ となり，分岐点の値は $r_c = 1$ である． □

注意 3.1.2 例題 3.1.1 の解では，パラメータ r の値を減少させたとき，2 つの平衡点が接近，衝突して消滅することを述べた．一方，パラメータ r の値を増加させたときは，1 つの平衡点が生じ，分かれて 2 つになるといえる．パラメータの値を増加・減少いずれの方向に変化させてもよいが，生ずる分岐は見かけ上異なる．

微分方程式 (3.1.1) と (3.1.2) はサドルノード分岐の標準形を与える．すなわち，サドルノード分岐を起こす微分方程式のダイナミクスは，分岐点の近くでは (3.1.1) または (3.1.2) のダイナミクスと同じ（同相）である．例えば，(3.1.3) の $(x, r) = (0, 1)$ の近くにおける分岐を考える．e^x を $x = 0$ 付近でテイラー展開すると

$$\dot{x} = r + x - e^x = r + x - \left(1 + x + \frac{x^2}{2!} + \cdots\right)$$

$$= (r - 1) - \frac{x^2}{2} + \cdots$$

となる．これは代数的に (3.1.2) と同じ型をもち，$(x, r) = (0, 1)$ のまわりで (3.1.2) に一致すると考えてよいだろう．

問 3.1.3 $\dot{x} = r + x/2 - x/(1 + x)$ がサドルノード分岐を起こすことを示し，分岐図を書け．ここで，分岐パラメータは r であり，$x > -1$ とする．

3.2 トランスクリティカル分岐

次のようなパラメータ付きの微分方程式を考えよう．

$$\dot{x} = rx - x^2 \tag{3.2.1}$$

ここで，パラメータは r である．

図 3.6 は，放物線 $y = rx - x^2$ と x 軸の位置関係の r に対する依存性を表しており，(3.2.1) で定義されるベクトル場を r の値で場合分けしたものである．すべての r に対して平衡点 $x^* = 0$ が存在することに注意する．

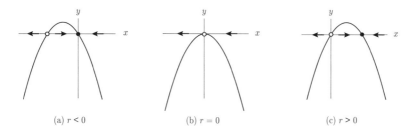

(a) $r < 0$　　　　(b) $r = 0$　　　　(c) $r > 0$

図 3.6　(3.2.1) の平衡点の個数の変化

図 3.6 より，$r < 0$ のとき不安定平衡点 $x^* = r$ と安定平衡点 $x^* = 0$ が存在する．r の値が増加するにつれて $x^* = r$ は原点に近づき，$r = 0$ のとき衝突する．最終的に，$r > 0$ のとき原点は不安定になり，$x^* = r$ は安定となる．したがって，2 つの平衡点 $x^* = r$ と $x^* = 0$ の間で，$r = 0$ を境にして安定性が交換したことになる．

図 3.7 は (3.2.1) の分岐図を表す．図 3.4 のようにパラメータ r を横軸に，x を縦軸にとる．平衡点 $x^* = 0$ と $x^* = r$ は直線で表される．

一般に，パラメータを含む常微分方程式において，あるパラメータの値の変化によって，上の例のように<u>2 つの平衡点が消滅せずに安定性が交換されるベクトル場の変化</u>が生じるとき，トランスクリティカル分岐 (transcritical bifurcation) が起きるという．

■ **例題 3.2.1**　$\dot{x} = r \log x + x - 1$ においてトランスクリティカル分岐が起きることを示せ．また，適当な変数変換を用いて，分岐点の近くで標準形 $\dot{X} = RX - X^2$ で近似せよ．

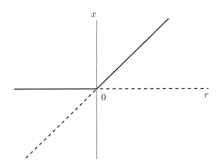

図 3.7 (3.2.1) の分岐図. 実線は安定平衡点, 点線は不安定平衡点を表す.

解 まず, すべての r に対して $x = 1$ が平衡点であることに注意する. $x = 1$ の近くで $u = x - 1$ とおくと, u は十分小さい. よって, $u = 0$ のまわりのテイラー展開を用いると

$$\begin{aligned}\dot{u} &= \dot{x} = r\log(1+u) + u \\ &= r\left\{u - \frac{1}{2}u^2 + O(u^3)\right\} + u \\ &= (r+1)u - \frac{1}{2}ru^2 + O(u^3)\end{aligned}$$

となる. ここで, O はランダウの記号（付録 A.3）である. よって, トランスクリティカル分岐 は $r_c = -1$ で起きる. 上式を標準形に書き直すために, u^2 の係数を 1 にする. $u = av$ とおき, a を後で適当に決める. このとき, v に関する方程式は次のようになる.

$$\dot{v} = (r+1)v - \left(\frac{1}{2}ra\right)v^2 + O(v^3).$$

よって, $a = 2/r$ と選べば, v に関する方程式は次のように書き換えられる.

$$\dot{v} = (r+1)v - v^2 + O(v^3).$$

したがって, $R = r+1$, $X = v$ とおくと, 3次以上の項 $O(v^3)$ は無視でき, 近似の標準形 $\dot{X} = RX - X^2$ を得る. もとの変数を用いると $X = v = u/a = r(x-1)/2$ となる. □

参考 3.2.2 厳密には，標準形の理論によって，$\dot{x} = r\log x + x - 1$ を $\dot{X} = RX - X^2$ に書き直す変数変換 $x \to X$ が存在することが保証される．上で示した計算は，その変数変換の近似を与えている．以下では，任意の高次項を消去する計算法を手短に説明しよう．

$$\dot{x} = rx - x^2 + ax^3 + O(x^4) \qquad (r \neq 0) \tag{3.2.2}$$

に対して，$x = 0$ のまわりの座標変換 $x \to y$ を適用して

$$\dot{y} = ry - y^2 + O(y^4) \tag{3.2.3}$$

の形に書き直す．(3.2.2) と (3.2.3) の違いが 3 次の項であることに注意して，座標変換 $x \to y$ を

$$x = y + by^3 + O(y^4) \tag{3.2.4}$$

と定義する．ここで，b は後で適当に定める．(3.2.4) は near identity 変換とよばれる．$dx/dy(0) = 1 \neq 0$ であるから，$y = 0$ のまわりで (3.2.4) の逆変換 $y \to x$ が存在する．逆変換 $y \to x$ を求めるために

$$y = x + c_2 x^2 + c_3 x^3 + c_4 x^4 + \cdots$$

とおいて，(3.2.4) に代入し，x のべき項の係数を比較すると，

$$c_2 = 0, \qquad c_3 = -b, \qquad c_4 = \cdots$$

を得る．よって，(3.2.4) の逆変換は

$$y = x - bx^3 + O(x^4) \tag{3.2.5}$$

で与えられる．上式の両辺を t で微分すると，

$$\dot{y} = \dot{x} - 3bx^2 \dot{x} + O(4x^3 \dot{x})$$

となる．この右辺に (3.2.2) を代入した後，(3.2.4) を用いて y のべき級数で表すと

$$\dot{y} = ry - y^2 + (-2br + a)y^3 + O(y^4)$$

となる．よって，$b = a/(2r)$ と定めれば，(3.2.3) を得る．同様に，

$$\dot{x} = rx - x^2 + a_n x^n + O(x^{n+1})$$

に対して，$x = 0$ のまわりの座標変換

$$x = y + b_n y^n + O(y^{n+1})$$

を適用する．この逆変換は

$$y = x - b_n x^n + O(x^{n+1})$$

で与えられ，$b_n = a_n/((n-1)r)$ とおけば

$$\dot{y} = ry - y^2 + O(y^{n+1})$$

となることが確かめられる．

形式的には，以上の計算を帰納的に無限回繰り返し $n \to \infty$ とすれば，(3.2.2) を $\dot{y} = ry - y^2$ の形に書き直す near identity 変換 $x \to y$ が存在することが予想される．実際，そのような変換が存在することは厳密に示される [21]．

問 3.2.3 $\dot{x} = x(r - e^x)$ がトランスクリティカル分岐を起こすことを示し，分岐図を書け．ここで，分岐パラメータは r である．

3.3 ピッチフォーク分岐

本節では，ピッチフォーク分岐とよばれる分岐を取り扱う．この分岐は対称性をもつ問題において観察される．例えば，棒の座屈現象について考えてみる．図 3.8 のように棒の頂点に小さなおもりが載っているとする．おもりの重さが小さければ，棒は水平面に対して垂直な位置で安定に静止する．この場合，歪みが無い状態に対応する安定な平衡状態が存在する．一方，重さがある値を超えれば，棒は左側か右側のどちらかに歪むだろう．すなわち，垂直な位置が不安定になり，左右の歪みの形状に対応する新しい対称な平衡状態のペアが生成される．

ピッチフォーク分岐には 2 つの異なる種類のものが存在する．最初に，超臨界ピッチフォーク分岐とよばれる単純な分岐を説明する．

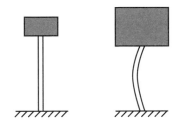

図 3.8 棒の座屈現象．おもりが重くなると棒が歪む．

3.3.1 超臨界ピッチフォーク分岐

次のようなパラメータ付きの微分方程式を考えよう．

$$\dot{x} = rx - x^3 \tag{3.3.1}$$

ここで，パラメータは r である．上式は変数変換 $x \to -x$ の下で不変である．すなわち，x を $-x$ に置き換えた後，両辺に現れるマイナスの符号を消去しても同じ式を得る．この不変性は左右の対称性を数学的に表現している．

図 3.9 は，3 次曲線 $y = rx - x^3$ と x 軸の位置関係の r に対する依存性を表しており，(3.3.1) で定義されるベクトル場を r の値で場合分けしたものである．

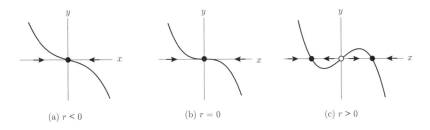

(a) $r < 0$ (b) $r = 0$ (c) $r > 0$

図 3.9 (3.3.1) の超臨界ピッチフォーク分岐

$r < 0$ のとき，原点は唯一の平衡点であり安定である．$r = 0$ のとき，原点は安定であるが線形性は消失している．すなわち，原点の安定性は弱くなり，(3.3.1) の解は指数関数的な速さでなく代数べきオーダーの速さで減衰する（問 3.3.1）．この減衰は，臨界スローダウンとよばれている．$r > 0$ のとき，原点は不安定になり，2 つの新しい安定な平衡点 $x^* = \pm\sqrt{r}$ が原点の両側において対称的に生成されることがわかる．図 3.10 は (3.3.1) の分岐図であり，

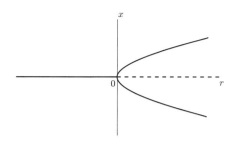

図 3.10 (3.3.1) の分岐図.実線は安定平衡点,点線は不安定平衡点を表す.

ピッチフォーク(三つ又)という言葉の由来を示している.

一般に,パラメータを含む常微分方程式において,あるパラメータの値の変化によって,この例のような対称的な安定平衡点のペアの生成を伴うベクトル場の変化が生じるとき,超臨界ピッチフォーク分岐 (supercritical pitchfork bifurcation) が起きるという.

問 3.3.1 $\dot{x} = -x^3$ を解いて,$r = 0$ のとき (3.3.1) の解が $O(t^{-1/2})$ のオーダーで減衰することを確かめよ.

◼ 例題 3.3.2 微分方程式

$$\dot{x} = -x + \beta \tanh x \tag{3.3.2}$$

が超臨界ピッチフォーク分岐を起こすことを示せ.また,平衡点を数値的に求め,β に関する分岐図を描け.

解 例題 3.1.1 と同様にして平衡点を探す.$y = x$ と $y = \beta \tanh x$ のグラフは図 3.11 のようになり,平衡点は 2 つのグラフの交点で与えられる.β が増加するにつれて,曲線 $y = \beta \tanh x$ の原点における勾配は急になる.$\beta < 1$ のとき,$x = 0$ はただ 1 つの平衡点である.$\beta = 1$ のとき,曲線 $y = \beta \tanh x$ の原点における傾きは 1 になりピッチフォーク分岐が起きる.$\beta > 1$ のとき,2 つの安定な平衡点が出現して原点は不安定になる.

各 β の値に対して,非自明な平衡点 x^* を数値的に求めることができる.しかし,x^* を β の従属変数と見るのではなく,x^* を独立変数と見て

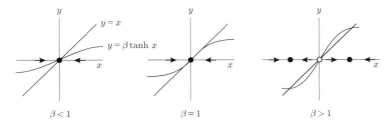

図 3.11 $y = x$ と $y = \beta \tanh x$ のグラフ

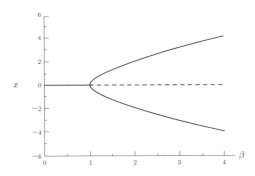

図 3.12 (3.3.2) の分岐図. 実線は安定平衡点, 点線は不安定平衡点を表す.

$\beta = x^*/\tanh x^*$ と考えるほうがよい[1]. 図 3.12 は (3.3.2) の分岐図であり, β を横軸, x^* を縦軸に設定し, (β, x^*) を図示したものである. このような方法が有効なのは, $f(x, \beta) = -x + \beta \tanh x$ が x よりも β に対して単純に依存しているという事実にもとづく. 分岐問題においては, 力学変数よりも制御パラメータに対する依存性のほうが単純である場合が多い. □

■ **例題 3.3.3** $\dot{x} = rx - x^3$ に関するポテンシャル $V(x)$ を $r < 0$, $r = 0$, $r > 0$ で場合分けして図示せよ.

解 $\dot{x} = f(x)$ のポテンシャルは $\partial V/\partial x = -f(x)$ で定義される. $-dV/dx = rx - x^3$ を積分すると $V(x) = -rx^2/2 + x^4/4$ となる. ここで, 積分定数は $C = 0$ とした. グラフは図 3.13 のようになる. $r < 0$ のとき, $V(x)$ は原点で極小かつ最小となる. $r = 0$ (分岐点) のとき, $V(x)$ は原点で極小かつ最小と

---

[1] $\lim_{x \to 0} \dfrac{x}{\tanh x} = 1$ に注意せよ.

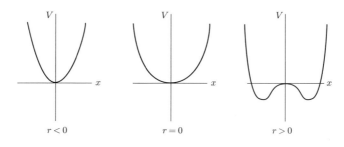

図 3.13 ポテンシャル $V(x)$ の r 依存性

なる.このとき,$V(x)$ は原点で 4 次の接触をする.$r>0$ のとき,$V(x)$ は原点で極大となり,原点の両側に対称的な最小値のペアが現れる. □

3.3.2 亜臨界ピッチフォーク分岐

前項で扱った $\dot{x}=rx-x^3$ のような超臨界ピッチフォーク分岐の場合,3 次の項は解のダイナミクスを安定化する効果をもつ.すなわち,解 $x(t)$ を $x=0$ へ引き戻すような復元力として働いている.一方,

$$\dot{x}=rx+x^3 \tag{3.3.3}$$

のように,3 次の項がダイナミクスを不安定化する効果をもつときは,亜臨界ピッチフォーク分岐 (subcritical pitchfork bifurcation) とよばれる分岐が起きる.図 3.14(a) はその分岐図である.

図 3.10 と比較すると,三つ又がひっくりかえったような形になっている.非自明な平衡点 $x^*=\pm\sqrt{-r}$ は不安定であり,分岐が起きる前の $r<0$ のときに

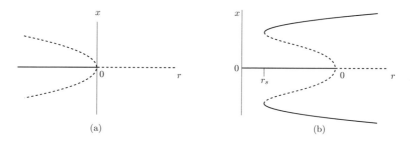

図 3.14 (a) (3.3.3) の分岐図.(b) (3.3.4) の分岐図.実線は安定平衡点,点線は不安定平衡点を表す.

限り存在する．すなわち，パラメータ r の値を負から正へ変化させると，対称的な不安定平衡点のペアの消滅を伴うベクトル場の変化が生じる．さらに，超臨界ピッチフォーク分岐の場合と同じように，原点は $r < 0$ ならば安定，$r > 0$ ならば不安定である．しかし，この場合は $r > 0$ における原点の不安定性が3次の項によって打ち消されない．実際，3次の項は解軌道を無限遠方へ発散させ，解の爆発をもたらす．すなわち，$r > 0$ ならば，どの初期値 $x_0 \neq 0$ から出発しても，$t \to \infty$ のとき $x(t) \to \pm\infty$ となる．このような爆発的な不安定性は，高次項の影響を考慮することにより防ぐことができる．方程式が $x \to -x$ の変換の下でも不変であると仮定すると，ダイナミクスを安定化する項は $-x^5$ でなければならない．したがって，亜臨界ピッチフォーク分岐の最も簡単な例（標準形）は次の方程式で与えられる．

$$\dot{x} = rx + x^3 - x^5 \tag{3.3.4}$$

無次元化を行うことにより，x^3 と $-x^5$ の項の係数が1であると仮定しても一般性は失われない（問 3.3.4）．x が十分大きいとき $|x| \ll |x^3| \ll |x^5|$ であるから，(3.3.4) のすべての解軌道は有界な範囲に留まる．

問 3.3.4 $b > 0$ および $c > 0$ とする．適当な変数変換を用いて $\dot{x} = ax + bx^3 - cx^5$ から (3.3.4) の形の微分方程式を導け．

図 3.14 (b) は (3.3.4) の分岐図を表す．$(r, x) = (0, 0)$ 付近の分岐図の形は図 3.14 (a) と同じ形をもつ．$r < 0$ のとき，原点は局所安定である．$r = 0$ のとき，不安定な平衡点を表す2本の枝が原点から後ろ向きに分岐して現れる．x^5 の項による効果は，不安定な枝が $r = r_s \, (= -1/4 < 0)$ で折れ曲がり，$r > r_s$ において安定になることである．この安定な分岐の枝は，すべての $r > r_s$ に対して存在する．図 3.14 (b) より，(3.3.4) の分岐構造に関して次のことがわかる．

- $r_s < r < 0$ のとき，3つの異なる安定な状態が共存している．それは，原点と大振幅の平衡点[2] である．解軌道がどの安定な平衡点に近づくかどうかは，初期値の選び方によって決まる．原点は局所安定であるが，大域安

---

[2] すべての $r > r_s$ に対して存在する安定な枝もしくはその上の平衡点に対して大振幅という用語を用いた．

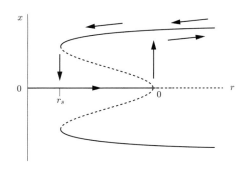

図3.15 ジャンプとヒステリシス

定ではない.

- 異なる安定状態が共存していることから，rの値が変化するにつれてジャンプやヒステリシスが起きる可能性がある．系の最初の状態が$x^* = 0$であるとして，パラメータrの値がゆっくりと増加していくと仮定しよう（図3.15においてr軸に沿った矢印で示されている）．$r = 0$までは系の状態は$x^* = 0$のまま維持される．$r = 0$を超えた瞬間に系は安定性を失い，微小な摂動により系の状態は大振幅の枝の1つへジャンプする．さらに，rの値が増加すると大振幅の枝に沿って系の状態は変化する．一方，その状態においてrの値を減少させると，$r < 0$を超えても大振幅の枝上で系の状態は維持される．さらに，rの値が減少しr_sを超えた瞬間に，系の状態は$x^* = 0$へジャンプする．このようなパラメータ変化の向きによる系の状態変化の可逆性の違いはヒステリシスとよばれる.
- $r = r_s$における分岐は サドルノード分岐 であり，安定な平衡点と不安定な平衡点が出現する分岐である．

参考3.3.5 超臨界分岐はフォワード分岐とよばれることもあり，統計力学における連続もしくは2次相転移と密接な関連がある．亜臨界分岐は逆分岐またはバックワード分岐とよばれ，不連続または1次相転移と密接な関連がある．工学関連の文献によれば，超臨界分岐では小さい振幅の平衡点が発生することから，ソフト分岐またはセーフ分岐とよばれることがある．一方，亜臨界分岐では自明な平衡点から大振幅の平衡点へジャンプするため，ハード分岐とよば

れることがある．

問 3.3.6 次の微分方程式がピッチフォーク分岐を起こすことを示せ．また，超臨界と亜臨界を区別し，分岐図を書け．ここで，分岐パラメータを r とする．
  (1) $\dot{x} = rx - \sinh x$ (2) $\dot{x} = x + rx/(1+x^2)$

3.4 ホップ分岐

本節では，パラメータを含む2次元常微分方程式において，ある1つのパラメータの値を変化させたとき周期解が現れる場合を考える．これはホップ分岐とよばれる周期解の分岐の典型的な例である．

2次元常微分方程式が平衡点をもち，ある1つのパラメータの値が変化するにつれてその平衡点は安定性を失うとしよう．平衡点が安定ならば，平衡点のまわりの線形化行列の固有値は左半平面に属する．すなわち，固有値は2つとも負の実数であるか，または，実部が負の共役複素数のペアであるかのいずれかである．パラメータの値を変化させたとき平衡点が不安定になるためには，図 3.16 のように固有値が左半平面から右半平面に移動しなければならない．

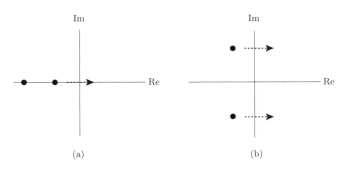

図 3.16 線形化行列の固有値の移動．(a) 実固有値の移動．(b) 複素固有値の移動．

3.4.1 超臨界ホップ分岐

次のパラメータ付きの微分方程式を考えよう．

$$\begin{cases} \dot{r} = \mu r - r^3 \\ \dot{\theta} = \omega \end{cases} \tag{3.4.1}$$

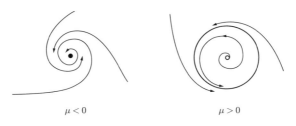

図3.17 リミットサイクルの出現

ここで，(r, θ) は平面の極座標であり，$\omega \neq 0$ とする．(3.4.1)には2つのパラメータが含まれる．以下では，ω の値を固定し，μ の値を変化させてみよう．

図3.17は，分岐点付近における (3.4.1) の相平面図上の流れの変化を表す．$\mu < 0$ のとき，原点 $r = 0$ は安定であり，そのまわりの（無限小）回転の振動数と向きは ω の値で決まる．回転の振幅は指数的なオーダーの速さで減衰する．$\mu = 0$ のとき，原点は安定だが，回転の振幅は代数的なオーダーの速さで減衰する（臨界スローダウン）．$\mu > 0$ のとき，原点は不安定となり，振幅 $r = \sqrt{\mu}$ の安定なリミットサイクルが現れる．この例では，$\mu = 0$ が分岐点である．

分岐が起きるときの固有値の挙動を調べるため，(3.4.1)をxy座標を用いて書き直す．$x = r\cos\theta, y = r\sin\theta$ であるから，

$$\dot{x} = \dot{r}\cos\theta - r\dot{\theta}\sin\theta = (\mu r - r^3)\cos\theta - r\omega\sin\theta$$
$$= (\mu - (x^2 + y^2))x - \omega y = \mu x - \omega y - (x^2 + y^2)x$$

を得る．同様にして，$\dot{y} = \omega x + \mu y - (x^2 + y^2)y$ を得る．よって，(3.4.1) は

$$\begin{cases} \dot{x} = \mu x - \omega y - (x^2 + y^2)x \\ \dot{y} = \omega x + \mu y - (x^2 + y^2)y \end{cases} \tag{3.4.2}$$

と同値である．また，原点における線形化行列は

$$A = \begin{pmatrix} \mu & -\omega \\ \omega & \mu \end{pmatrix}$$

であり，固有値 $\lambda = \mu \pm i\omega$ をもつ．したがって，μ の値が負から正へ変化す

るとき，図 3.16 (b) のように固有値は虚数軸を通過して左半平面から右半平面へ移動する．

一般に，パラメータを含む常微分方程式において，あるパラメータの値の変化によって，上の例のように安定な平衡点が不安定化し，安定な周期解が出現するとき，超臨界ホップ分岐 (supercritical Hopf bifurcation) が起きるという．一般の微分方程式における超臨界ホップ分岐の性質は，(3.4.1) の超臨界ホップ分岐の性質とほとんど同じである．すなわち，

- リミットサイクルの振幅は 0 から連続的に大きくなる．すなわち，振幅の大きさは，μ の値が μ_c に近いとき，$O(\sqrt{\mu - \mu_c})$ で与えられる．ここで，μ_c はホップ分岐点である．
- リミットサイクルの振動数は $\mu = \mu_c$ における平衡点のまわりの線形化行列の固有値の虚部 $\omega = \mathrm{Im}\,\lambda$ によって近似される．すなわち，分岐点近くのリミットサイクルの周期は，$T = 2\pi/\mathrm{Im}\,\lambda$ で近似される．

超臨界ホップ分岐は，(x, y, μ) 空間を用いて 3 次元的に表現することもできる（図 3.18 (a)）．また，横軸を μ，縦軸を「解」[3] にとり，模式的な分岐図を書くことも多い（図 3.18 (b)）．

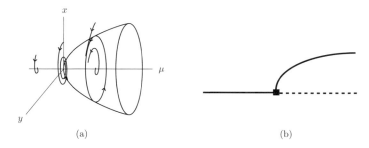

図 3.18 (a) 超臨界ホップ分岐の 3 次元的分岐図．(b) 超臨界ホップ分岐の模式的分岐図．横軸は μ，縦軸は「解」（r 成分の値）を表す．実線は安定な解，破線は不安定な解を表す．■はホップ分岐点を表し，直線は自明な平衡点（原点），曲線は周期解を表す．

---

[3] 平衡点や周期解の全体からなる集合を表す．数学的には関数空間上の集合であり，その各要素である平衡点や周期解が象徴的に「点」で表され，それらの大きさが何らかの方法で定義される．

108　第3章　分岐

以後は，図 3.18 (b) のような模式的な分岐図であっても，単に分岐図とよぶことにする．

3.4.2　亜臨界ホップ分岐

ピッチフォーク分岐の場合と同様に，ホップ分岐についても超臨界と亜臨界の2種類がある．亜臨界ホップ分岐 (subcritical Hopf bifurcation) においては，分岐が起こった後，解軌道は遠く離れた平衡点やリミットサイクルへジャンプするだろう．3次元以上の常微分方程式においては，解軌道がカオス的なアトラクタへジャンプすることもありうる．

次のパラメータ付きの微分方程式は，最も簡単な亜臨界ホップ分岐の例（標準形）を与える．

$$\begin{cases} \dot{r} = \mu r + r^3 - r^5 \\ \dot{\theta} = \omega \end{cases} \tag{3.4.3}$$

ここで，(r, θ) は平面の極座標であり，$\omega \neq 0$ とする．(3.4.1) との違いは，3次の項 r^3 が原点を不安定化させる働きをもっていることである．すなわち，r^3 は解軌道が原点から離れるのを手助けする．

図 3.19 は $\mu = 0$ 付近における (3.4.3) の相平面上の流れを表す．$\mu < 0$ のとき，原点は安定な平衡点であり，そのまわりに安定なリミットサイクルと不安定なリミットサイクルがある．不安定なリミットサイクルは安定なリミットサイクルと原点の間にあり，流れのセパレータの役割を果たす．すなわち，時間が経つにつれて，不安定なサイクルの内側にある解軌道は原点へ，外側にある解軌道は安定なリミットサイクルに近づく．μ の値が増加するにつれて，不安定なサイクルの振幅は小さくなり，原点へ引き寄せられていく．$\mu = 0$ で亜

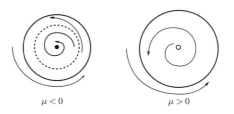

図 **3.19**　亜臨界ホップ分岐

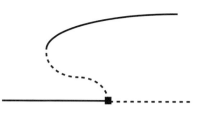

図 3.20 亜臨界ホップ分岐の分岐図. 横軸は μ, 縦軸は「解」(r 成分の値) を表す. 実線は安定な解, 破線は不安定な解を表す. ■はホップ分岐点を表し, 直線は自明な平衡点 (原点), 曲線は周期解を表す.

臨界ホップ分岐が起こり, 不安定なサイクルの振幅は 0 に縮み原点に吸い込まれ, 原点は不安定になる. $\mu > 0$ のとき, 原点は不安定であり, そのまわりに振幅の大きい安定なリミットサイクルが残される.

図 3.20 は (3.4.3) の分岐図である. (3.4.3) はヒステリシスを示す (図 3.20 と図 3.15 の類似性に注意せよ). すなわち, μ の値が 0 を超えて正になり, 解軌道が振幅の大きな安定なリミットサイクルに引き込まれた後に, μ の値を 0 に戻しても, 解軌道が原点に引き込まれることはない. 大振幅の安定なリミットサイクルに引き込まれた解は, μ の値がさらに減少し, $\mu = -1/4$ になるまで存在し続ける. $\mu = -1/4$ において安定なサイクルと不安定なサイクルは衝突して消滅し, 解軌道は原点へジャンプする.

ホップ分岐が起きる状況において, それが超臨界であるのか, もしくは亜臨界であるのかは, 線形化行列の固有値の挙動によって判定できない. すなわち, どちらの場合であっても, 共役複素数の固有値のペアは左半平面から右半平面へ移動するだけである. 後で述べるように, 数学的な計算による判定法はあるのだが, 実用的にはコンピュータによる数値計算を利用するほうが早いだろう. 平衡点が不安定になった直後に小さい振幅のリミットサイクルが現れ, パラメータの値を元に戻すとそのサイクルの振幅が 0 へ収束するならば, 超臨界ホップ分岐である. そうでなければ亜臨界ホップ分岐である. この場合, 平衡点が不安定になった直後に解軌道は大振幅のリミットサイクルに引き寄せられ, パラメータの値を逆に戻してもそのサイクルの振幅は 0 にならない.

問 3.4.1 (3.4.3) を xy 座標を用いて書き直し, 原点における線形化行列の固有値を求めよ.

3.5 分岐の基本型の分類

本節では，分岐という用語の数学的な定義を与え，平衡点および周期解の分岐の基本型がサドルノード分岐，トランスクリティカル分岐，ピッチフォーク分岐とホップ分岐であることを説明する．

パラメータを1つもつn次元常微分方程式

$$\dot{\mathbf{x}} = \mathbf{f}(\mathbf{x}, \lambda), \quad \mathbf{x} \in \mathbf{R}^n, \quad \lambda \in \mathbf{R} \tag{3.5.1}$$

を考えよう．$\lambda = \lambda_0$ で (3.5.1) が平衡点 $\mathbf{x}_0$ をもつとする．すなわち，$\mathbf{f}(\mathbf{x}_0, \lambda_0) = \mathbf{0}$ であるとする．

[定義 3.5.1] $\lambda = \lambda_0$ の近傍で方程式 $\mathbf{f}(\mathbf{x}, \lambda) = \mathbf{0}$ の解の個数が変化するとき，(3.5.1) の平衡点 $\mathbf{x}_0$ は $\lambda = \lambda_0$ で定常分岐するという．

‖ 定理 3.5.2 ‖ (3.5.1) の平衡点 $\mathbf{x}_0$ が $\lambda = \lambda_0$ で定常分岐するならば，$\lambda = \lambda_0$ のときの $\mathbf{x}_0$ のまわりの線形化行列

$$A = \frac{\partial \mathbf{f}}{\partial \mathbf{x}}(\mathbf{x}_0, \lambda_0)$$

は 0 固有値をもつ．

証明 A が 0 固有値をもたないとすると，陰関数定理（付録 A.5）により

$$\mathbf{f}(\boldsymbol{\phi}(\lambda), \lambda) = \mathbf{0}, \quad \boldsymbol{\phi}(\lambda_0) = \mathbf{x}_0$$

をみたす関数 $\mathbf{x} = \boldsymbol{\phi}(\lambda)$ が $(\mathbf{x}_0, \lambda_0)$ の近傍でただ 1 つ存在する．このことは，平衡点 $\mathbf{x}_0$ が $\lambda = \lambda_0$ で定常分岐しないことを意味する． □

定理 3.5.2 は平衡点が定常分岐するための必要条件を与える．一方，パラメータの値を変化させたとき，平衡点の個数が不変であっても，平衡点付近で微分方程式によって定義される流れの性質が変化することはありうる．

[定義 3.5.3] (3.5.1) において，平衡点 $\mathbf{x}_0$ 付近の流れの性質が $\lambda = \lambda_0$ を境にして変化するとき，平衡点 $\mathbf{x}_0$ は $\lambda = \lambda_0$ で分岐するという．

参考 3.5.4 「平衡点 $\mathbf{x}_0$ 付近の流れの性質が $\lambda = \lambda_0$ を境にして変化する」ということを数学的に正確に述べると次のようになる．任意の十分小さな正数

3.5 分岐の基本型の分類

ε に対して,$\lambda_0 - \varepsilon < \lambda_1 < \lambda_0 < \lambda_2 < \lambda_0 + \varepsilon$ をみたす λ_1, λ_2 が存在して,$\dot{\mathbf{x}} = \mathbf{f}(\mathbf{x}, \lambda_1)$ と $\dot{\mathbf{x}} = \mathbf{f}(\mathbf{x}, \lambda_2)$ の定義する $\mathbf{x}_0$ 付近の流れは同じ(同相)でない.

平衡点 $\mathbf{x}_0$ が $\lambda = \lambda_0$ で分岐するとき,$(\lambda_0, \mathbf{x}_0)$ を分岐点という[4]. また,パラメータと平衡点もしくは周期軌道などの不変集合の組全体からなる集合を分岐集合とよび,それを描いたものは分岐図とよばれる.

定理 3.5.5 (3.5.1) の平衡点 $\mathbf{x}_0$ が $\lambda = \lambda_0$ で分岐するならば,$\mathbf{x}_0$ は $\dot{\mathbf{x}} = \mathbf{f}(\mathbf{x}, \lambda_0)$ の双曲型平衡点ではない.すなわち,$\lambda = \lambda_0$ のときの $\mathbf{x}_0$ のまわりの線形化行列

$$A = \frac{\partial \mathbf{f}}{\partial \mathbf{x}}(\mathbf{x}_0, \lambda_0)$$

は虚軸上に固有値をもつ.

証明 $\mathbf{x}_0$ が $\dot{\mathbf{x}} = \mathbf{f}(\mathbf{x}, \lambda_0)$ の双曲型平衡点であるとすると,A は 0 固有値をもたない.よって,陰関数定理により,λ が λ_0 に十分近ければ,(3.5.1) は $\mathbf{x}_0$ 付近にただ 1 つの平衡点 $\tilde{\mathbf{x}}(\lambda)$ をもつ.ただし,$\tilde{\mathbf{x}}(\lambda_0) = \mathbf{x}_0$ である.

$$A(\lambda) = \frac{\partial \mathbf{f}}{\partial \mathbf{x}}(\tilde{\mathbf{x}}(\lambda), \lambda)$$

とおく.$A = A(\lambda_0)$ は虚軸上に固有値をもたないから,λ が λ_0 に十分近ければ,$A(\lambda)$ も虚軸上に固有値をもたない.すなわち,$A(\lambda)$ の実部が正の固有値と負の固有値の個数は,λ を λ_0 の付近で動かしても変化しない.

一方,ハートマン・グロブマンの定理(定理 2.2.10)により,(3.5.1) の $\tilde{\mathbf{x}}(\lambda)$ 付近の流れは線形化方程式 $\dot{\mathbf{v}} = A(\lambda)\mathbf{v}$ の原点付近の流れと同じ(同相)である.また,$\dot{\mathbf{v}} = A(\lambda)\mathbf{v}$ の流れは $A(\lambda)$ の固有値分布だけで決定され,その流れは λ を λ_0 の付近で動かしても(位相的に)変化しない.

以上より,(3.5.1) において λ を λ_0 の付近で動かしても,平衡点 $\mathbf{x}_0$ 付近の流れの性質は(位相的に)変化しない. □

定理 3.5.5 は定常分岐だけでなく,それ以外の分岐(非定常分岐)も含む一般的なものである.非定常分岐の例としては,周期解分岐がある.

---

[4] 平衡点を省略して,パラメータの値 λ_0 を分岐点というときも多い.

定理 3.5.5 は平衡点が分岐するための必要条件を与える．すなわち，平衡点からの分岐が起きるとすれば，平衡点の双曲性が失われるときである．このとき，generic（87 ページの脚注を参照）には次の 2 通りが考えられる．

(1) 平衡点のまわりの線形化行列が 0 を単純固有値[5]にもつ．
(2) 平衡点のまわりの線形化行列が $\pm i\omega_0$ ($\omega_0 \neq 0$) を単純固有値にもつ．

この状況をみたす最も次元の低い常微分方程式を考えよう．以下では，平衡点は原点で，$\lambda = 0$ で分岐が起きるとする（そのように考えても一般性は失われない）．

仮定 3.5.6 (3.5.1) において $n = 1$ または $n = 2$ とし，次を仮定する．

(1) $n = 1$ のとき，$f(0,0) = 0$, $f_x(0,0) = 0$ である．
(2) $n = 2$ のとき，$\lambda = 0$ の近くで $\mathbf{f}(\mathbf{0}, \lambda) \equiv \mathbf{0}$ であり[6]，原点のまわりの線形化行列の固有値は $\mu(\lambda) \pm i\omega(\lambda)$ かつ $\omega(0) = \omega_0 \neq 0$, $\mu(0) = 0$ をみたす．

定理 3.5.7 仮定 3.5.6 の (1) に加えて，$f_\lambda(0,0) \neq 0$, $f_{xx}(0,0) \neq 0$ を仮定する．このとき，適当な座標変換とパラメータの変換により，分岐点の近傍で (3.5.1) は

$$\dot{y} = \alpha \pm y^2 + O(y^3)$$

の形に書き直せる．

証明 $f(x, \lambda)$ を x について $x = 0$ のまわりでテイラー展開すると

$$f(x, \lambda) = f_0(\lambda) + f_1(\lambda)x + f_2(\lambda)x^2 + O(x^3) \tag{3.5.2}$$

となる．ここで，$f_0(0) = f(0,0) = 0$ と $f_1(0) = f_x(0,0) = 0$ である．

(3.5.1) に対して，変数変換

$$x = \xi - \delta \tag{3.5.3}$$

---

[5] 固有値の幾何学的次元と代数的次元が共に 1 であるときをいう．
[6] $\lambda = 0$ のとき，原点のまわりの線形化行列が $\pm i\omega_0$ ($\omega_0 \neq 0$) を単純固有値にもてば，定理 3.5.5 の証明の冒頭で述べた議論により，$|\lambda|$ が十分小さいとき (3.5.1) は原点付近に平衡点をただ 1 つもつ．この平衡点を原点とするような座標変換（平行移動）を (3.5.1) に行ったと考えればよい．

を行う．ここで，関数 $\delta = \delta(\lambda)$ は後で適当に選ぶ．(3.5.3) を (3.5.1) に代入し，(3.5.2) を用いると

$$\dot{\xi} = \dot{x} = f_0(\lambda) + f_1(\lambda)(\xi - \delta) + f_2(\lambda)(\xi - \delta)^2 + \cdots$$

を得る．上式の右辺を ξ について整理すると

$$\dot{\xi} = [f_0(\lambda) - f_1(\lambda)\delta + f_2(\lambda)\delta^2 + O(\delta^3)]$$
$$+ [f_1(\lambda) - 2f_2(\lambda)\delta + O(\delta^2)]\xi + [f_2(\lambda) + O(\delta)]\xi^2 + O(\xi^3)$$

となる．

$$F(\lambda, \delta) := f_1(\lambda) - 2f_2(\lambda)\delta + O(\delta^2) = f_1(\lambda) - 2f_2(\lambda)\delta + \delta^2 \psi(\lambda, \delta)$$

とおく．ここで，ψ は滑らかな関数である．$f_2(0) = f_{xx}(0,0)/2 \neq 0$ より $F(0,0) = 0$，$F_\delta(0,0) = -2f_2(0) \neq 0$ であるから，陰関数定理（付録 A.5）を用いると

$$F(\lambda, \delta(\lambda)) \equiv 0, \quad \delta(0) = 0$$

をみたす関数 $\delta = \delta(\lambda)$ が存在することがわかる．また，$F_\lambda(0,0) = f_1'(0)$ より

$$\delta(\lambda) = \frac{f_1'(0)}{2f_2(0)}\lambda + O(\lambda^2)$$

を得る．したがって，このように関数 $\delta = \delta(\lambda)$ を選ぶと

$$\dot{\xi} = [f_0'(0)\lambda + O(\lambda^2)] + [f_2(0) + O(\lambda)]\xi^2 + O(\xi^3) \tag{3.5.4}$$

を得る．

$$\mu := f_0'(0)\lambda + O(\lambda^2) = f_0'(0)\lambda + \lambda^2 \phi(\lambda)$$

とおく．ここで，ϕ は滑らかな関数である．このとき，$\mu = \mu(\lambda)$ は $\mu(0) = 0$，$\mu'(0) = f_0'(0) = f_\lambda(0,0) \neq 0$ をみたす．よって，$\mu = \mu(\lambda)$ は $\lambda = 0$ の近傍で逆関数

$$\lambda = \lambda(\mu), \quad \lambda(0) = 0$$

をもつ．したがって，(3.5.4) は

$$\dot{\xi} = \mu + b(\mu)\xi^2 + O(\xi^3)$$

のように書ける．ここで，$b(\mu)$ は滑らかな関数であり，$b(0) = f_2(0) = f_{xx}(0,0)/2 \neq 0$ をみたす．さらに，$y = |b(\mu)|\xi$, $\alpha = |b(\mu)|\mu$ とおけば，

$$\dot{y} = \alpha \pm y^2 + O(y^3)$$

を得る． □

定理 3.5.7 により，条件 $f_\lambda(0,0) \neq 0$, $f_{xx}(0,0) \neq 0$ が成り立つとき，サドルノード分岐が起きる．この条件をサドルノード分岐の非退化条件という．定理 3.5.7 と本章 2 節の参考 3.2.2 で述べたことから，次の定理を得る．

定理 3.5.8 仮定 3.5.6 の (1) が成り立つとする．このとき，generic には，分岐点付近において (3.5.1) の定義する流れは

$$\dot{y} = \alpha \pm y^2$$

の定義する流れと同じ（同相）である．

注意 3.5.9 generic という用語を用いた理由は，後で述べる仮定 3.5.6 の (2) が成り立つ場合との対比のためである．現時点では，この用語を削除して $f_\lambda(0,0) \neq 0$, $f_{xx}(0,0) \neq 0$ という条件を課したほうがわかりやすいだろう．

次に，サドルノード分岐の非退化条件が破れる場合を考えよう．例えば，パラメータの値によらず常に平衡点が存在している場合，すなわち，$f(0,\lambda) \equiv 0$ が成り立つ場合は，$f_\lambda(0,0) = 0$ となり非退化条件の 1 つが破れる．また，微分方程式が x に関する反転対称性 $f(-x,\lambda) = -f(x,\lambda)$ をもつ場合は，$f_\lambda(0,0) = f_{xx}(0,0) = 0$ となり非退化条件は 2 つとも破れる．定理 3.5.7 の証明と同様の議論により，このような場合には次の結果が成り立つ．

定理 3.5.10 仮定 3.5.6 の (1) に加えて，$f_\lambda(0,0) = 0$, $f_{xx}(0,0) \neq 0$, および $f_{x\lambda}(0,0) \neq 0$ を仮定する．このとき，適当な座標変換とパラメータの変換により，分岐点の近傍で (3.5.1) は

$$\dot{y} = \alpha y \pm y^2 + O(y^3)$$

の形に書き直せる．

定理 3.5.11　仮定 3.5.6 の (1) に加えて，$f_\lambda(0,0) = 0$, $f_{xx}(0,0) = 0$, および $f_{x\lambda}(0,0) \neq 0, f_{xxx}(0,0) \neq 0$ を仮定する．このとき，適当な座標変換とパラメータの変換により，分岐点の近傍で (3.5.1) は

$$\dot{y} = \alpha y \pm y^3 + O(y^4)$$

の形に書き直せる．

　定理 3.5.10 と 3.5.11 は，それぞれトランスクリティカル分岐，ピッチフォーク分岐が起きる条件を与える．

　サドルノード分岐の非退化条件が破れる場合は他にも様々なケースが考えられるが，応用上はこれで十分であると思われる．以上より，分岐点において平衡点のまわりの線形化行列が 0 を単純固有値にもつとき，基本的にはサドルノード分岐，トランスクリティカル分岐，ピッチフォーク分岐のいずれかの定常分岐が起きると考えてよいだろう．それゆえ，これらの分岐は 0 固有値分岐ともよばれている．

　分岐点において平衡点のまわりの線形化行列が $\pm i\omega_0$ ($\omega_0 \neq 0$) を単純固有値にもつ場合については，次の結果が成り立つ．

定理 3.5.12　仮定 3.5.6 の (2) が成り立つとする．このとき，generic には，分岐点付近において (3.5.1) の定義する流れは

$$\begin{cases} \dot{r} = \alpha r \pm r^3 \\ \dot{\theta} = 1 \end{cases} \quad (3.5.5)$$

の定義する流れと同じ（同相）である．ここで，(r, θ) は平面の極座標である．

　定理 3.5.12 は，(3.5.1) を複素変数を用いて書き直し，定理 3.5.8 の証明と同様のアイデアにもとづく議論により証明される [21]．

　(3.5.5) はホップ分岐の最も簡単な例である (3.4.1) および (3.4.3) と同じ形の微分方程式である[7]．定理 3.5.12 より，分岐点において平衡点のまわりの線形化行列が $\pm i\omega_0$ ($\omega_0 \neq 0$) を単純固有値にもつ場合，ホップ分岐が起きる可能性は十分に大きいといえる．

---
[7] 分岐点付近では (3.4.3) の r^5 の項は無視できる．

注意 3.5.13 上の定理において，generic という用語を削除し「$\mu'(0) \neq 0$ かつ第 1 リアプノフ係数が 0 でない」という条件を課すこともできる．これは数学的に正確であるが，第 1 リアプノフ係数の定義を書くことが面倒というデメリットがある．詳しくは [21] を参照してほしい．また，次節の分岐解析の実例で見るように，ホップ分岐が起きることを示す際に第 1 リアプノフ係数が 0 でないことをチェックすることはほとんどない（数値計算によってホップ分岐が起きることを確認している場合が多い）．

以上より，平衡点の分岐の基本型がサドルノード分岐，トランスクリティカル分岐，ピッチフォーク分岐であり，周期解の分岐の基本型がホップ分岐であることがわかるだろう．また，3.1 節から 3.4 節において簡単な例として挙げた微分方程式は標準形 (normal form) とよばれている．その理由は，このような分岐現象を伴う一般の微分方程式が，分岐点近傍において標準形に変換されるからである．

3.6 分岐解析の実例

本節では，いくつかの例を通して実用的な分岐解析の方法を説明する．分岐解析の基本的な手続きは，次のようにまとめられる．
1. 平衡点を求める．
2. 平衡点のまわりの線形化行列を計算し固有値を求める．
3. 固有値の実部が 0 となるパラメータの値を求め，その付近でベクトル場の変化が生じることを確かめる．

平衡点のまわりの線形化行列の固有値は複数あるが，そのうちで実部が最大である固有値 (critical eigenvalue) の符号変化を調べることが重要である．また，上の手続きを手計算のみで実行することが困難な場合は，コンピュータによる数値計算を利用しなければならない．

3.6.1 基本的例題

■ **例題 3.6.1** 正のパラメータ a を含む次の微分方程式を考える.

$$\begin{cases} \dot{x} = -ax + y \\ \dot{y} = \dfrac{x^2}{1+x^2} - y \end{cases} \tag{3.6.1}$$

$a < 1/2$ のとき,これは 3 つの平衡点をもつことを示せ.また,(3.6.1) は $a = 1/2$ のときサドルノード分岐を起こし,$a > 1/2$ で平衡点の個数は 1 つになることを示せ.

解 平衡点は直線 $y = ax$ と S 字曲線

$$y = \frac{x^2}{1+x^2} \tag{3.6.2}$$

の交点であり,その x 座標は次の方程式で与えられる(図 3.21).

$$ax = \frac{x^2}{1+x^2}$$

上の方程式は自明解 $x^* = 0$ をもつ.他の解は 2 次方程式

$$a(1+x^2) = x$$

の解で与えられる.これは,$a < 1/2$ のとき 2 つの実数解

$$x^* = \frac{1 \pm \sqrt{1-4a^2}}{2a}$$

をもつ.また,$a = 1/2$ のとき,これらの 2 つの解は衝突する(重解).よって,$a < 1/2$ のとき,(3.6.1) は 3 つの平衡点をもつ.さらに,$a > 1/2$ のとき,平衡点は原点のみである.したがって,(3.6.1) は $a = 1/2$ でサドルノード分岐を起こす.

第 2 章の例題 2.1.12 と同様に考えると,$a < 1/2$ のとき (3.6.1) によって定義される平面上のベクトル場は図 3.22 のようになる.ベクトル場の向きは,直線 $y = ax$ 上で y 軸に平行であり,S 字曲線 (3.6.2) 上で x 軸に平行である.

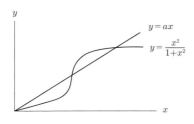
図 3.21 $y = ax$ と (3.6.2) の概形

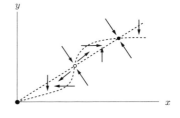
図 3.22 (3.6.1) の定義するベクトル場

この図より，3つの平衡点のうち，中央のものはサドルであり，他の2つはシンクであることがわかる．

$a < 1/2$ のとき，平衡点 (x^*, y^*) の線形安定性を調べよう．(x^*, y^*) における線形化行列は

$$A = \begin{pmatrix} -a & 1 \\ \dfrac{2x^*}{(1+(x^*)^2)^2} & -1 \end{pmatrix}$$

で与えられ，A の固有値 λ は

$$\lambda^2 - (\text{tr}\, A)\lambda + \det A = 0$$

をみたす．$\text{tr}\, A = -a - 1 < 0$ であるから，A は実部が負の固有値を少なくとも1つもち，すべての平衡点はサドルかシンクのいずれかである．$(x^*, y^*) = (0, 0)$ のとき $\det A = a > 0$ であるから，原点 $(0, 0)$ はすべての a に対して安定な平衡点である．他の2つの平衡点に対しては，

$$\det A = a - \frac{2x^*}{(1+(x^*)^2)^2} = a\left\{1 - \frac{2}{1+(x^*)^2}\right\} = a\left\{\frac{(x^*)^2 - 1}{1+(x^*)^2}\right\}$$

が成り立つことに注意する．中央の平衡点は，$0 < x^* < 1$ より $\det A < 0$ であるから，不安定である．よって，中央の平衡点はサドルである．最も右側の平衡点は，$x^* > 1$ より $\det A > 0$ であるから，安定である．

図 3.23 は，$a < 1/2$ のときの (3.6.1) の流れの相平面図である．この図と図 3.22 よりサドルの不安定多様体は，直線 $y = ax$ と S 字曲線 (3.6.2) ではさまれた狭い領域の中に存在することがわかる．また，サドルの安定多様体は平面

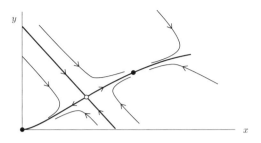

図 3.23 $a < 1/2$ のときの (3.6.1) の流れ

を 2 つの領域に分割する．すなわち，安定多様体を境にして，解は原点に収束するか，もしくは最も右側の平衡点に収束するかのどちらかになる． □

■ **例題 3.6.2** 次の微分方程式は超臨界ピッチフォーク分岐を起こすことを示せ．

$$\begin{cases} \dot{x} = \mu x + y + \sin x \\ \dot{y} = x - y \end{cases} \quad (3.6.3)$$

また，分岐直後における原点付近の流れの相平面図を描け．

解 (3.6.3) は変数変換 $x \to -x$, $y \to -y$ に対して不変であるから，その流れは原点に関して対称である．原点はすべての μ に対して平衡点であり，そのまわりの線形化行列は

$$A = \begin{pmatrix} \mu+1 & 1 \\ 1 & -1 \end{pmatrix}$$

で与えられる．また，A の固有値 λ は

$$\lambda^2 - (\text{tr}\, A)\lambda + \det A = 0$$

をみたす．$\text{tr}\, A = \mu$, $\det A = -(\mu+2)$ であるから，$\mu < -2$ ならば A のすべての固有値の実部は負であり，$\mu > -2$ ならば A は正の固有値をもつ．よって，原点は $\mu < -2$ ならば安定，$\mu > -2$ ならば不安定なサドルである．したがって，(3.6.3) は $\mu_c = -2$ において ピッチフォーク分岐を起こす．このとき，$\det A = 0$ となり，A は 0 固有値をもつ．

平衡点の x 座標は $(\mu+1)x + \sin x = 0$ で与えられる. $\sin x$ の $x = 0$ のまわりのテイラー展開を用いると

$$(\mu+1)x + x - \frac{x^3}{3!} + O(x^5) = 0$$

となる. 上式の両辺を x で割り, 高次項を無視すると $\mu + 2 - x^2/6 \approx 0$ を得る. よって, μ の値が $\mu_c = -2$ よりもわずかに大きいとき, (3.6.3) は対称な平衡点 $x^* \approx \pm\sqrt{6(\mu+2)}$ をもつ. したがって, 超臨界ピッチフォーク分岐が $\mu_c = -2$ で起きる.

$\mu = -2$ のとき,

$$A = \begin{pmatrix} -1 & 1 \\ 1 & -1 \end{pmatrix}$$

は固有値 0 と -2 をもち, 対応する固有ベクトルはそれぞれ $(1,1)$ と $(1,-1)$ で与えられる. よって, μ の値が -2 よりわずかに大きいとき, A は非常に小さい正の固有値をもつ. これより, 原点付近において, 解は $(1,-1)$ の方向から急速に原点に近づいた後, $(1,1)$ の方向へ非常にゆっくりと原点から離れていくことがわかる. μ の値が $\mu_c = -2$ よりわずかに大きいとき, (3.6.3) の原点付近の流れの相平面図は図 3.24 で与えられる. □

注意 3.6.3 図 3.24 は, 分岐直後の原点付近の流れの相平面図である. パラメータの値が分岐点から離れたとき, あるいは原点から離れた場所において

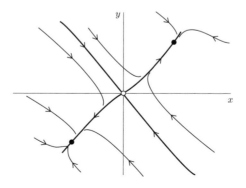

図 3.24 分岐直後における原点付近の流れ

は，この図の正当性は保証されない．なお，分岐直後の原点付近の流れがこの図で表される理由を本章 7 節で説明する．

問 3.6.4
$$\begin{cases} \dot{x} = -2x + y \\ \dot{y} = \mu - y + x^2 \end{cases}$$
の分岐図を書け．ここで，分岐パラメータは μ である．

■ **例題 3.6.5** 次の微分方程式を $x, y > 0$ の範囲で考える．ただし，$a, b > 0$ とする．
$$\begin{cases} \dot{x} = a - x - \dfrac{2xy}{1 + x^2} \\ \dot{y} = bx\left(1 - \dfrac{y}{1 + x^2}\right) \end{cases} \tag{3.6.4}$$
a を固定し，b を分岐パラメータとするとき，この方程式が超臨界ホップ分岐を起こすことを示せ．また，分岐するリミットサイクルの周期を調べよ．

解 $\dot{x} = 0$ より
$$y = \frac{(a-x)(1+x^2)}{2x} \tag{3.6.5}$$
を得る．また，$\dot{y} = 0$ より $x = 0$ および $y = 1 + x^2$ を得る．第 2 章の例題 2.1.12 と同様に考えると，(3.6.4) の定義するベクトル場は図 3.25 のようになることがわかる．

$y_0 = 1 + x_0^2$ であることに注意して計算を行うと，(3.6.4) は $x, y > 0$ の範囲で，ただ 1 つの平衡点
$$(x_0, y_0) = (x_0, 1 + x_0^2) = (a/3, 1 + (a/3)^2)$$
をもち，そのまわりの線形化行列は
$$A = \frac{1}{1 + x_0^2}\begin{pmatrix} x_0^2 - 3 & -2x_0 \\ 2bx_0^2 & -bx_0 \end{pmatrix}$$
で与えられることがわかる．また，A の固有値 λ は
$$\lambda^2 - (\operatorname{tr} A)\lambda + \det A = 0$$

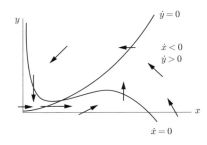
図 3.25 (3.6.4) の定義するベクトル場

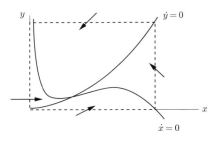
図 3.26 (3.6.4) の不変領域

をみたす. ここで,

$$\det A = \frac{3bx_0}{1+x_0^2}, \qquad \mathrm{tr}\,A = \frac{x_0^2 - 3 - bx_0}{1+x_0^2}$$

である. $x_0 > 0$ より $\det A > 0$ であるから, 0 固有値による分岐は起こらない. よって, A が互いに共役な複素固有値をもち, ホップ分岐が起きる場合を考える. A が複素固有値をもつとき, その実部は $(\mathrm{tr}\,A)/2$ で与えられるから, $\mathrm{tr}\,A = 0$ より

$$b_c = a/3 - 9/a$$

とおく. このとき, $b > b_c$ ならば $\mathrm{tr}\,A < 0$ より (x_0, y_0) は安定であり, $0 < b < b_c$ ならば $\mathrm{tr}\,A > 0$ より (x_0, y_0) は不安定である. したがって, パラメータ b の値が減少し, $b = b_c$ になるとき, (3.6.4) はホップ分岐を起こすと予想される.

$0 < b < b_c$ のとき, (3.6.4) が周期軌道をもつことを示そう. 図 3.26 において破線で囲まれた領域を考える. 境界上のベクトルはすべて領域の内側に向かっているので, この領域は不変領域である.

この領域内には平衡点 (x_0, y_0) が存在するが, $0 < b < b_c$ のとき, (x_0, y_0) は不安定なリペラーである. よって, この領域から (x_0, y_0) を取り除いた領域 (正確には (x_0, y_0) を中心とする十分小さい開円板を取り除いた有界閉領域) に対して, ポアンカレ・ベンディクソン (Poincaré-Bendixson) の定理 (付録 B.2) を適用すると, 周期軌道が存在することがわかる.

図 3.27 は $a = 9$ のときの相平面上の流れを表す. $a = 9$ のとき $b_c = 2$ である. $b = 2.5$ のとき, 解はスパイラル状に (x_0, y_0) に近づく. 一方, $b = 1.5$ の

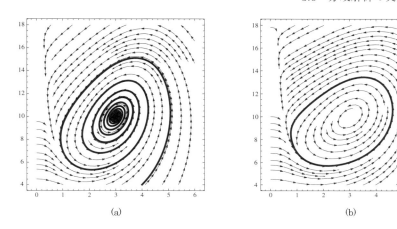

図 **3.27** 相平面上の流れ. (a) $a=9, b=2.5$, (b) $a=9, b=1.5$.

とき，解は安定なリミットサイクルに近づく．このリミットサイクルは，ポアンカレ・ベンディクソンの定理によって示された周期軌道である．

以上により，(3.6.4) は超臨界ホップ分岐を起こすと考えられる．$b=b_c$ のとき，$\mathrm{tr}\,A = 0$ であるから，A の固有値は

$$\lambda = \pm i\sqrt{\det A}$$

で与えられる．このとき，

$$\det A = \frac{3b_c x_0}{1+x_0^2} = \frac{3a^2 - 81}{a^2 + 9}$$

であるから，分岐点 $b=b_c$ の近くで，周期軌道の振動数 ω は

$$\omega \approx (\det A)^{\frac{1}{2}} = \left(\frac{3a^2-81}{a^2+9}\right)^{\frac{1}{2}}$$

で与えられる．よって，分岐点 $b=b_c$ の近くで，周期軌道の周期は

$$T = 2\pi/\omega \approx 2\pi\left(\frac{a^2+9}{3a^2-81}\right)^{\frac{1}{2}}$$

となる．

注意 3.6.6 平衡点が不安定化し，スパイラル状に平衡点から吹き出していく流れが生じても，ホップ分岐が生じているとは限らない．例えば，抵抗力を考慮した単振り子の運動を記述する方程式（第1章(1.3.7)）と同じ形の方程式

$$\begin{cases} \dot{x} = y \\ \dot{y} = \mu y - \sin x \end{cases} \quad (3.6.6)$$

では，μ の値が負から正へ変化するにつれて，平衡点（原点）は不安定化しスパイラル状に原点から吹き出していく流れが生ずる[8]．しかし，$\mu \neq 0$ のときリミットサイクルは存在しない．また，$\mu = 0$ のとき，原点を囲むように連続的な周期軌道の族が存在する（この周期軌道はリミットサイクルではない．リミットサイクルは孤立した周期軌道である）．これは，退化ホップ分岐とよばれ，分岐点において非保存系が保存系へと変化したときに生ずる．

問 3.6.7 $\mu = 0$ のとき，(3.6.6) はハミルトン系であり，原点のまわりに連続的な周期軌道の族をもつことを示せ．

■ **例題 3.6.8** 次の微分方程式が亜臨界ホップ分岐を起こすことを示せ．

$$\begin{cases} \dot{x} = \mu x - y + xy^2 \\ \dot{y} = x + \mu y + y^3 \end{cases} \quad (3.6.7)$$

解 原点は (3.6.7) の平衡点である．原点におけるヤコビ行列は

$$A = \begin{pmatrix} \mu & -1 \\ 1 & \mu \end{pmatrix}$$

である．$\mathrm{tr}A = 2\mu$, $\det A = \mu^2 + 1$ より A の固有方程式は $\lambda^2 - 2\mu\lambda + \mu^2 + 1 = 0$ であるから，A の固有値は $\lambda = \mu \pm i$ である．よって，μ の値が負から正へ変化するとき，原点は不安定化し $\mu = 0$ でホップ分岐が起こると思われる．

極座標を用いて (3.6.7) を書き直すと，

$$\dot{r} = \mu r + ry^2 \geq \mu r$$

---

[8] (3.6.6) における μ と第1章の (1.3.7) における ν の符号は逆である．

であるから，$\mu > 0$ のとき，$r(t)$ は少なくとも $O(e^{\mu t})$ 以上の速さで発散する．よって，$\mu > 0$ のとき周期軌道は存在しない．したがって，この分岐は超臨界ではない．また，$\mu = 0$ のとき，$y \neq 0$ ならば $\dot{r} > 0$ が成り立つ．よって，$\mu = 0$ のときも周期軌道は存在しない．したがって，この分岐は退化型ではない．

以上より，このホップ分岐は亜臨界であると考えられる．図 3.28 は，$\mu = -0.2$ のときの相平面上の流れを表す．この数値計算結果は，不安定なリミットサイクルが安定な平衡点のまわりを囲んでいることを示しており，(3.6.7) が亜臨界ホップ分岐を起こすことがわかる． □

参考 3.6.9 ホップ分岐が超臨界か亜臨界かを判定する公式 [18] を紹介しよう．原点においてホップ分岐を生ずる微分方程式が，分岐点において

$$\begin{cases} \dot{x} = -\omega y + f(x,y) \\ \dot{y} = \omega x + g(x,y) \end{cases} \quad (3.6.8)$$

の形に書けるとしよう．ここで，f, g は 2 次以上の高次の項であるとする．

$$\begin{aligned} D = & f_{xxx} + f_{xyy} + g_{xxy} + g_{yyy} \\ & + \frac{1}{\omega} \{ f_{xy}(f_{xx} + f_{yy}) - g_{xy}(g_{xx} + g_{yy}) - f_{xx}g_{xx} + f_{yy}g_{yy} \} \end{aligned} \quad (3.6.9)$$

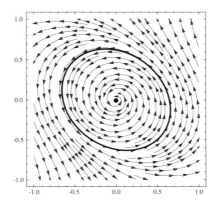

図 3.28　$\mu = -0.2$ のときの相平面上の流れ

とおく．ここで，上式の各偏微分係数は原点における値を表すものとする．このとき，$D < 0$ ならば超臨界，$D > 0$ ならば亜臨界である．

例えば，(3.6.7) にこの判定法を適用してみる．(3.6.7) は分岐点 $\mu = 0$ において

$$\begin{cases} \dot{x} = -y + xy^2 \\ \dot{y} = x + y^3 \end{cases}$$

であるから，$\omega = 1, f = xy^2, g = y^3$ とおいて，D の値を計算すれば $D = 8 > 0$ となる．よって，(3.6.7) は亜臨界ホップ分岐を生ずることがわかる．

このように，パラメータがたった1つしか含まれていない場合は，D の値を数値として求めることができ，超臨界と亜臨界の区別ができる．しかしながら，次項でみるように，一般的な微分方程式モデルには複数のパラメータが含まれており，D が複雑な式になることも多い．その場合は，数学的に D の正負を判定できないだろう．

上の公式は，3.2節で述べた near identitiy 変換を用いて (3.6.8) を標準形に変換した結果として得られる [21]．

問 3.6.10 第1章の (1.4.2) で与えられたブリュセレーターを考える．$a, b > 0$ とする．a を固定し，b を分岐パラメータとするとき，

$$\begin{cases} \dot{x} = a - (b+1)x + x^2 y \\ \dot{y} = bx - x^2 y \end{cases}$$

がホップ分岐を起こすことを示せ．また，超臨界か亜臨界かを調べ，分岐点近くのリミットサイクルの周期を求めよ．

3.6.2　被食者と捕食者の個体群ダイナミクス

ここでは，被食者－捕食者系とよばれる2次元常微分方程式の分岐構造を調べる．解析手法の流れを理解しやすくするために，具体的な細かい計算は省略するが，それらは実際に確認できるはずである．読者は自ら計算を行い，分岐解析の方針と手順を理解するようにしてほしい．

次の微分方程式は，マッカーサー・ローゼンツヴァイク (MacArthur-Rosenzweig) モデルとよばれ，被食者と捕食者の個体群ダイナミクスを考えるときに

基本となるモデルである.

$$\begin{cases} \dfrac{dx}{dt} = r\left(1 - \dfrac{x}{K}\right)x - \dfrac{cxy}{1+chx} \\ \dfrac{dy}{dt} = \dfrac{kcxy}{1+chx} - my \end{cases} \quad (3.6.10)$$

ここで, x, y はそれぞれ被食者（餌）と捕食者の個体数密度を表し, 被食者はロジスティック成長するものと仮定する. r は被食者の増殖率, K は環境収容力である. m は捕食者の死亡率であり, k は捕食者の増加率（捕食によって獲得したエネルギーを繁殖に利用する割合）を表す. また, c は捕食効率, h は餌の処理時間を表す. 以下では, パラメータの値は正であるとする.

K を分岐パラメータとしたときの, (3.6.10) の分岐構造を調べよう. まず, 平衡点を求める.

$$f(x,y) := r\left(1 - \dfrac{x}{K}\right)x - \dfrac{cxy}{1+chx} = 0, \quad g(x,y) := \dfrac{kcxy}{1+chx} - my = 0$$

を解くと, 自明な平衡点 $(0,0)$ の他に, 2つの非自明な平衡点

$$(x,y) = (K,0), \quad (x^*, y^*)$$

を得る. ただし,

$$x^* = \dfrac{m}{(k-mh)c}, \quad y^* = \dfrac{kr(1-x^*/K)x^*}{m} \quad (3.6.11)$$

である. 以後は, $k > mh$ と仮定する. このとき,

$$x^* = \dfrac{m}{(k-mh)c} > 0$$

は K に依存しない定数である. 一方, y^* は K の単調増加関数であり, $0 < K < x^*$ のとき $y^* < 0$, $K = x^*$ のとき $y^* = 0$, $K > x^*$ のとき $y^* > 0$ となる. よって,

$$K^{tc} := x^*$$

とおくと,（分岐図において）2つの平衡点 $(K,0)$ と (x^*, y^*) を表す枝は $K = K^{tc}$ でトランスクリティカルに交わる（図3.30）[9].

---
[9] x, y の値のとりうる範囲を実数全体と考えた. x, y の値のとりうる範囲を非負に制限した場合, $K < x^*$ において y^* は定義できない.

次に，平衡点の安定性を調べる．各平衡点におけるヤコビ行列

$$A = \begin{pmatrix} f_x & f_y \\ g_x & g_y \end{pmatrix}$$

を計算し，その固有値を調べる．平衡点 $(K, 0)$ においては

$$A_1 = \begin{pmatrix} -r & -\dfrac{cK}{1+chK} \\ 0 & \dfrac{kcK}{1+chK} - m \end{pmatrix}$$

であるから，A_1 の固有値は

$$\lambda_1 = -r < 0, \qquad \lambda_2 = \frac{kcK}{1+chK} - m$$

となる．よって，$(K, 0)$ は $\lambda_2 < 0$ ならば安定，$\lambda_2 > 0$ ならば不安定である．すなわち，$(K, 0)$ は $K < K^{tc}$ ならば安定，$K > K^{tc}$ ならば不安定である．

平衡点 (x^*, y^*) においては

$$A_2 = \begin{pmatrix} r - \dfrac{2rx^*}{K} - \dfrac{cy^*}{(1+chx^*)^2} & -\dfrac{cx^*}{1+chx^*} \\ \dfrac{kcy^*}{(1+chx^*)^2} & 0 \end{pmatrix}$$

であるが，A_2 の固有値は容易に求められない（求めたとしても複雑な式で表されており，実部の符号判定が困難な可能性がある）．ここでは，以下のように考える．

$(K, 0)$ と (x^*, y^*) を表す枝が $K = K^{tc}$ でトランスクリティカルに交わるから，$K = K^{tc}$ で $(K, 0)$ と (x^*, y^*) の安定性は交換する．$(K, 0)$ は $K < K^{tc}$ ならば安定，$K > K^{tc}$ ならば不安定であるから，<u>$K = K^{tc}$ の近くでは，(x^*, y^*) は $K < K^{tc}$ ならば不安定，$K > K^{tc}$ ならば安定</u>となる．また，$K = K^{tc}$ において，A_1 と A_2 が一致し，A_1 の固有値が $-r$ と 0 であることから，<u>$K = K^{tc}$ の近くでは</u>，$K > K^{tc}$ ならば A_2 の固有値はともに負の実数でなければならない．

A_2 の行列式の値は，$K \neq x^*$ のとき $y^* \neq 0$ より

$$\det A_2 = \frac{cx^*}{1+chx^*} \cdot \frac{kcy^*}{(1+chx^*)^2} \neq 0$$

であるから，$K \neq x^*$ のとき A_2 は0固有値をもたない．よって，$K > K^{tc}$ において (x^*, y^*) が0固有値分岐によって不安定化することはありえない．したがって，(x^*, y^*) が不安定化するのであれば，それはホップ分岐による．

A_2 のトレースの値は，

$$\operatorname{tr} A_2 = r - \frac{2rx^*}{K} - \frac{cy^*}{(1+chx^*)^2}$$

である．$kcx^*/(1+chx^*) = m$ に注意して，$\operatorname{tr} A_2 = 0$ を K について解くと

$$K = K^h := \left(1 + \frac{k}{mh}\right) x^* > x^* = K^{tc}$$

を得る．したがって，例題3.6.5と同様に考えれば，$K = K^h$ において (x^*, y^*) がホップ分岐により不安定化する可能性があること[10]がわかる．

問 3.6.11 (x^*, y^*) は $K < K^{tc}$ ならば不安定である．その理由を述べよ．

(x^*, y^*) がホップ分岐により不安定化するかどうか，ホップ分岐が起きるとすれば超臨界か亜臨界のどちらであるのかを調べるために，コンピュータを利用して数値計算を行う．ここでは，パラメータの値を

$$r = 1.0, \quad c = 1.0, \quad h = 0.5, \quad k = 0.5, \quad m = 0.2 \tag{3.6.12}$$

とする．このとき，$K^{tc} = x^* = 0.5$，$K^h = 3.0$ となる．図3.29の (a) は $K = 2.8$，(b) は $K = 3.2$ のときの相平面上の流れである．(a) は (x^*, y^*) が安定なフォーカスであることを示し，(b) は振幅の小さい安定なリミットサイクルが (x^*, y^*) のまわりに出現していることを示している．

上の数値計算結果は，(x^*, y^*) が $K = K^h$ において超臨界ホップ分岐により不安定化し，安定な周期解の枝が新たに分岐することを示唆している．以上より，K を分岐パラメータとしたときの (3.6.10) の分岐図を得る（図3.30）．

---
[10] これは必要条件に過ぎない．（何らかの確認をしたのかもしれないが）このような必要条件だけをチェックして超臨界ホップ分岐が起きると主張している文献は多い．

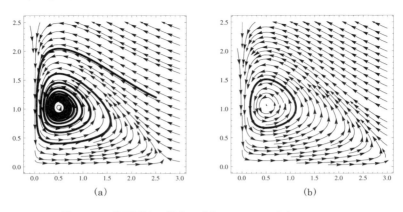

図 3.29 相平面上の流れ．(a) $K = 2.8$, (b) $K = 3.2$.

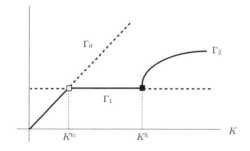

図 3.30 (3.6.10) の分岐図．横軸は K，縦軸は解（x 成分の最大絶対値）を表す．実線は安定な解，破線は不安定な解を表す．Γ_0 は平衡点 $(K, 0)$ を表す枝，Γ_1 は平衡点 (x^*, y^*) を表す枝，Γ_2 は周期解を表す枝である．□はトランスクリティカル分岐点，■はホップ分岐点を表す．

図 3.30 は，平衡点 $(K, 0)$ を表す枝 Γ_0，平衡点 (x^*, y^*) を表す枝 Γ_1，周期解を表す枝 Γ_2 の 3 つの枝からなる．$0 < K < K^{tc}$ のときは Γ_0 上の解が安定であり，$K^{tc} < K < K^h$ のときは Γ_1 上の解が安定であり，$K > K^h$ のときは Γ_2 上の解が安定である．すなわち，パラメータ K の値を増加させると，安定な解は $\Gamma_0 \to \Gamma_1 \to \Gamma_2$ の順に枝上を遷移していく．この意味で，Γ_0 から Γ_1 への分岐を 1 次分岐，Γ_1 から Γ_2 への分岐を 2 次分岐という．

注意 3.6.12 図 3.30 は，分岐点近くの局所的な情報を与えるものである．例えば，ホップ分岐によって発生した周期解の枝がどこまで伸びているのか，途中で折れ曲がったりしないのかどうかは，この分岐図からは読みとれない．大

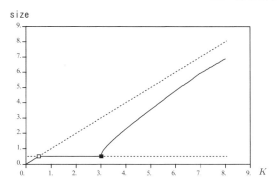

図 3.31 AUTO による (3.6.10) の分岐図.パラメータの値は (3.6.12) で与えられる.横軸は K,縦軸は解(x 成分の最大絶対値)を表す.実線は安定な解,破線は不安定な解を表す.□はトランスクリティカル分岐点,■はホップ分岐点を表し,$K^{tc} = 0.5$,$K^h = 3.0$ であることが確かめられる.

域的な分岐構造(分岐した枝の追跡)は,AUTO とよばれる分岐解析ソフトウェア [16] を利用すれば,ある程度の範囲までは(数値的に)可能である.例えば,図 3.31 は AUTO によって作成した (3.6.10) の分岐図である[11].

注意 3.6.13 ホップ分岐が起きるのかどうか,起きるとすれば超臨界か亜臨界かを厳密に判定するのは容易ではない.例えば,参考 3.6.9 で述べた公式が適用できるように (3.6.10) を書き直し,(3.6.9) で与えられる D を(数式処理を用いて)計算しても,その値の正負は判定できないと思われる.それゆえ,この例題では超臨界ホップ分岐が起きるかどうかを数値的に確かめた.このような事情は暗黙に了解されており,(応用分野では)ホップ分岐の厳密な数学解析を要求されることは少ないようである.ただし,数値計算で用いたパラメータの値については,その値を採用する理由[12] が要求されることが多い.

問 3.6.14 $K \geq K^{tc}$ における A_2 の固有値の挙動を数値的に調べよ.$K = K^{tc}$ のとき A_2 の固有値は $-r$ と 0 である.K の値が増加するにつれて,2 つの固有値が負の実軸上を移動して衝突し,2 つの互いに共役な複素固有値に分かれた後,虚軸を横切って左半平面から右半平面に移動することを確かめよ.

---

[11] 図を見やすくするため,Illustrator による修正を加えた.
[12] ここでは省略した.一般には適当な参考文献を挙げるか,もしくは方程式を無次元化してパラメータの個数を少なくした上で適当な数値を選んだと答えるべきだろう.

3.7 n 次元常微分方程式における分岐

前節で説明した実用的な分岐解析の方法は，n 次元常微分方程式の場合であっても同様に適用できる．一方，3.5 節で述べたような理論を n 次元常微分方程式の場合に拡張するためには，少し工夫が必要である．本節では，中心多様体理論を用いて n 次元常微分方程式の分岐問題を低次元の問題に帰着させることを考える．

前節の例題 3.6.2 で扱った微分方程式

$$\begin{cases} \dot{x} = \mu x + y + \sin x \\ \dot{y} = x - y \end{cases} \tag{3.7.1}$$

を再考しよう．例題 3.6.2 では，平衡点の x 座標がみたす方程式

$$\mu x + x + \sin x = 0$$

を $x = 0$ の付近で解くことにより，原点が $\mu = -2$ で超臨界ピッチフォーク分岐を起こすことを示した．ここでは，中心多様体理論を用いて (3.7.1) が超臨界ピッチフォーク分岐を起こすことを示す．そのために，(3.7.1) を

$$\begin{cases} \dot{\mu} = 0 \\ \dot{x} = \mu x + y + \sin x \\ \dot{y} = x - y \end{cases} \tag{3.7.2}$$

のように書き直してみる．この第 1 式より $\mu = const.$ であることがわかるので，(3.7.2) は (3.7.1) と同値である．(3.7.2) は (3.7.1) のサスペンションとよばれる．(3.7.1) の分岐点 $(-2, 0, 0)$ は，(3.7.2) の平衡点であることに注意しよう．

(3.7.1) では μ をパラメータと考えるので，(3.7.1) の第 1 式の右辺の第 1 項 μx は x に関する 1 次の項である．一方，(3.7.2) では μ を x, y と同等な変数と考えるので，(3.7.2) の第 2 式の右辺の第 1 項 μx は μ と x に関する 2 次の項である．それゆえ，以下で見るように，(3.7.2) の平衡点 $(-2, 0, 0)$ において中心多様体定理を適用すれば，μx の項の効果を取り入れた微分方程式を導くことができる．

(3.7.2) に対して，変数変換（平行移動）

$$\mu = \nu - 2, \quad x = X, \quad y = Y$$

を行うと，

$$\begin{cases} \dot{\nu} = 0 \\ \dot{X} = -2X + Y + \nu X + \sin X \\ \dot{Y} = X - Y \end{cases}$$

を得る．$\sin X$ を $X = 0$ のまわりでテイラー展開した後，ν, X, Y を改めて μ, x, y と書くと

$$\begin{cases} \dot{\mu} = 0 \\ \dot{x} = -x + y + \mu x - \dfrac{x^3}{6} \\ \dot{y} = x - y \end{cases} \tag{3.7.3}$$

を得る．$(0, 0, 0)$ のまわりのヤコビ行列は

$$A = \begin{pmatrix} 0 & 0 & 0 \\ 0 & -1 & 1 \\ 0 & 1 & -1 \end{pmatrix}$$

である．A の固有値は $0, 0, -2$ であり，対応する固有ベクトルは，それぞれ

$$\mathbf{v}_1 = \begin{pmatrix} 1 \\ 0 \\ 0 \end{pmatrix}, \quad \mathbf{v}_2 = \begin{pmatrix} 0 \\ 1 \\ 1 \end{pmatrix}, \quad \mathbf{v}_3 = \begin{pmatrix} 0 \\ 1 \\ -1 \end{pmatrix}$$

である．

$$P = (\,\mathbf{v}_1\ \mathbf{v}_2\ \mathbf{v}_3\,) = \begin{pmatrix} 1 & 0 & 0 \\ 0 & 1 & 1 \\ 0 & 1 & -1 \end{pmatrix}$$

とおいて，(3.7.3) に対して変数変換

$$\begin{pmatrix} \mu \\ x \\ y \end{pmatrix} = P \begin{pmatrix} \nu \\ X \\ Y \end{pmatrix} = \begin{pmatrix} \nu \\ X+Y \\ X-Y \end{pmatrix}$$

を行うと

$$\begin{pmatrix} \dot{\nu} \\ \dot{X} \\ \dot{Y} \end{pmatrix} = P^{-1} \begin{pmatrix} 0 \\ -(X+Y)+(X-Y)+\nu(X+Y)-\dfrac{1}{6}(X+Y)^3 \\ (X+Y)-(X-Y) \end{pmatrix}$$

$$= \dfrac{1}{2} \begin{pmatrix} 0 \\ \nu(X+Y)-\dfrac{1}{6}(X+Y)^3 \\ -4Y+\nu(X+Y)-\dfrac{1}{6}(X+Y)^3 \end{pmatrix}$$

となる．ν, X, Y を改めて μ, x, y と書けば

$$\begin{cases} \dot{\mu} = 0 \\ \dot{x} = \dfrac{\mu}{2}(x+y) - \dfrac{1}{12}(x+y)^3 \\ \dot{y} = -2y + \dfrac{\mu}{2}(x+y) - \dfrac{1}{12}(x+y)^3 \end{cases}$$

を得る．これは中心多様体定理（定理 2.3.2）が使える形である．

定理 2.3.3 より，中心多様体を $y = \phi(\mu, x)$ で近似したときの誤差は

$$N(\phi) = \dfrac{\partial \phi}{\partial x}\left(\dfrac{\mu}{2}(x+\phi) - \dfrac{1}{12}(x+\phi)^3\right) - \left(-2\phi + \dfrac{\mu}{2}(x+\phi) - \dfrac{1}{12}(x+\phi)^3\right)$$

で与えられる．

$$\phi(\mu, x) = \dfrac{1}{4}\mu x - \dfrac{1}{24}x^3$$

とおくと，$N(\phi) = O(|x|(|\mu|^3 + |x|^3))$ であるから[13]．中心多様体 W^c は

$$y = h(\mu, x) = \dfrac{1}{4}\mu x - \dfrac{1}{24}x^3 + O(|x|(|\mu|^3 + |x|^3))$$

---
[13] 誤差 $N(\phi)$ は μ, x に関する 4 次の項になるが，μ^4 は含まない．

で与えられる．また，W^c 上の流れは

$$\begin{cases} \dot{\mu} = 0 \\ \dot{x} = \dfrac{\mu}{2}(x+h) - \dfrac{1}{12}(x+h)^3 \end{cases}$$

で与えられる．上の方程式の x 成分を計算すると

$$\dot{x} = \frac{\mu}{2}x + \frac{1}{8}\mu^2 x - \frac{1}{12}x^3 + O(|x|(|x|^3 + |\mu|^3))$$

となる．よって，$x = 2\sqrt{3}u$, $\mu/2 + \mu^2/8 = \alpha$ とおけば

$$\dot{u} = \alpha u - u^3 + O(|u|\,(|u|^3 + |\alpha|^3))$$

を得る．これは超臨界ピッチフォーク分岐の標準形である．

以上より，(3.7.2) の平衡点 $(-2, 0, 0)$ における中心多様体 W^c は，この点において $\mathbf{v}_1, \mathbf{v}_2$ で張られる平面に接しており，W^c 上のダイナミクスは適当な座標 (α, u) を用いて，超臨界ピッチフォーク分岐の標準形のサスペンション

$$\begin{cases} \dot{\alpha} = 0 \\ \dot{u} = \alpha u - u^3 \end{cases}$$

で与えられる．また，(3.7.2) の第 1 式より $\mu = const.$ であるから，

$$W^c_{\mu_0} = W^c \cap \{\, (\mu, x, y) \mid \mu = \mu_0 \,\}$$

とおくと，$W^c_{\mu_0}$ は (3.7.2) の平衡点 $(\mu_0, 0, 0)$ を含む 1 次元不変多様体（曲線）であると同時に，$\mu = \mu_0$ のときの (3.7.1)，すなわち，

$$\begin{cases} \dot{x} = \mu_0 x + y + \sin x \\ \dot{y} = x - y \end{cases}$$

の平衡点 $(0, 0)$ を含む 1 次元不変多様体（曲線）と見なすことができる．このとき，$W^c_{\mu_0}$ は点 $(0, 0)$ において $\mathbf{v} = (1, 1)$ に接しており，その上のダイナミクスは適当な座標 u およびパラメータの値 α_0 を用いて $\dot{u} = \alpha_0 u - u^3$ で与えられると考えられる（図 3.24）．

したがって，2次元の常微分方程式 (3.7.1) のダイナミクスが分岐点の近くで超臨界ピッチフォーク分岐の標準形のダイナミクスと同じ（同相）であることがわかり，結果的に (3.7.1) が超臨界ピッチフォーク分岐を起こすこともわかる．このように，中心多様体定理を用いることにより，2次元常微分方程式のダイナミクスは，分岐点近傍において，より次元の低い1次元常微分方程式のダイナミクスに縮約 (reduction) される．

上で述べた方法は，一般的なパラメータ付きの n 次元常微分方程式 $\dot{\mathbf{x}} = \mathbf{f}(\mathbf{x}, \lambda)$ においても適用できる．すなわち，$\lambda = \lambda_0$ のとき平衡点 $\mathbf{x}_0$ における $\mathbf{f}$ の $\mathbf{x}$ に関するヤコビ行列 $D_{\mathbf{x}}\mathbf{f}(\mathbf{x}_0, \lambda_0)$ が実部 0 の固有値をもてば[14]，

$$\begin{cases} \dot{\lambda} = 0 \\ \dot{\mathbf{x}} = \mathbf{f}(\mathbf{x}, \lambda) \end{cases}$$

の平衡点 $(\lambda_0, \mathbf{x}_0)$ において中心多様体定理を適用する．適当な座標系を用いると，中心多様体上のダイナミクスは低次元の簡単な常微分方程式で与えられる．とくに，その方程式が分岐の標準形のサスペンションと同じであれば，平衡点 $\mathbf{x}_0$ は $\lambda = \lambda_0$ で分岐を起こすことがわかる．

3.8 不完全分岐とカタストロフ

ピッチフォーク分岐は対称性をもつ系において見られる分岐現象であるが，多くの現実的な問題では対称性はあくまで近似的なものでしかない．すなわち，不完全な対称性が左右の間のわずかな違いをもたらす．ここでは，そのような不完全性が存在するときに，どのような分岐現象が起きるのかを調べる．

次の方程式を考えよう．

$$\dot{x} = h + rx - x^3 \tag{3.8.1}$$

$h = 0$ のとき，(3.8.1) は超臨界ピッチフォーク分岐の標準形となり，x と $-x$ の間に完全な対称性が存在する．しかし，この対称性は $h \neq 0$ のとき崩壊する．それゆえ，h は不完全性パラメータとよばれる．

---
[14] 分岐が起きるための必要条件である．

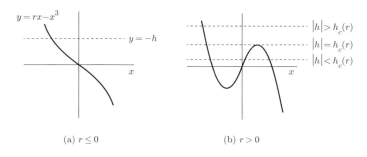

図 3.32 $y = rx - x^3$ と $y = -h$ の交点

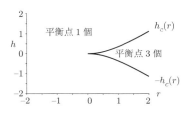

図 3.33 安定性ダイアグラム

(3.8.1) が独立した2つのパラメータ r, h をもつことに注意する．まず，r を固定して h を動かしてみよう．(3.8.1) の平衡点は $h + rx - x^3 = 0$ によって与えられるから，$y = rx - x^3$ と $y = -h$ のグラフの交点を求める（図 3.32）．$r \leq 0$ のとき $y = rx - x^3$ は単調減少であり，$y = -h$ と1点で交わる（図 3.32 (a)）．$r > 0$ のとき，h の値によって $y = rx - x^3$ と $y = -h$ 交点の個数は1つ，2つ，3つと変化する（図 3.32 (b)）．

$y = -h$ が $y = rx - x^3$ の極大点もしくは極小点のどちらかに接するとき，サドルノード分岐が発生する．

$$\frac{d}{dx}(rx - x^3) = r - 3x^2 = 0$$

により，$x_{max} = \sqrt{r/3}$ のとき，$y = rx - x^3$ は極大値

$$rx_{max} - (x_{max})^3 = \frac{2r}{3}\sqrt{\frac{r}{3}} =: h_c(r) \tag{3.8.2}$$

をもつ．同様にして，$y = rx - x^3$ の極小値も求められる．よって，サドル

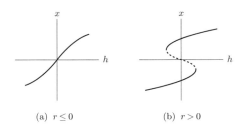

図 3.34 (3.8.1) の h に関する分岐図. 実線は安定平衡点, 点線は不安定平衡点を表す.

ノード分岐は $h = \pm h_c(r)$ で起きる. (3.8.1) は, $|h| < h_c(r)$ のとき平衡点を3つもち, $|h| > h_c(r)$ のとき平衡点を1つもつ.

$h = \pm h_c(r)$ によって定義される (r, h) 平面上の曲線は分岐曲線とよばれる. 図3.33は, 2本の分岐曲線 $h = \pm h_c(r)$ が $(r, h) = (0, 0)$ で接するように交わることを示している. そのような点はカスプ点とよばれる. サドルノード分岐はカスプ点を除いた分岐曲線上で起こる. 図3.33は安定性ダイアグラムとよばれ, パラメータを動かしたときに方程式の解の構造がどのように変化するのかを考えるのに役立つ.

図3.34は, r を固定したときの, (3.8.1) の h に関する分岐図である. $r \leq 0$ のとき, 各 h に対して平衡点は1つだけ存在する (図3.34 (a)). 一方, $r > 0$ のとき, $|h| < h_c$ の範囲で平衡点は3つ存在し, 他の範囲では平衡点が1つ存在する (図3.34 (b)). 3つの平衡点が存在する範囲 ($|h| < h_c(r)$) では, 中央の枝は不安定, 上側と下側の2つの枝は安定である. 図3.34上の曲線は, 図3.32上の曲線を $\pi/2$ 回転させたものであることに注意しよう.

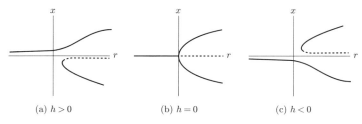

図 3.35 (3.8.1) の r に関する分岐図. 実線は安定平衡点, 点線は不安定平衡点を表す.

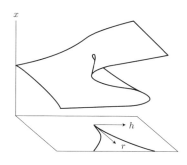
図 3.36　カスプ・カタストロフ曲面

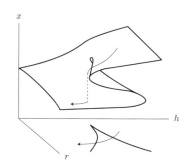
図 3.37　カタストロフ（破局）

次に，h を固定して r を動かしてみよう．図 3.35 は，h を固定したときの，(3.8.1) の r に関する分岐図である．$h = 0$ のときはピッチフォーク（図 3.35 (b)）を得るが，$h \neq 0$ のときはピッチフォークが 2 つの連結成分に分かれる（図 3.35 (a), (c)）．$h > 0$ のとき，上側の連結成分は安定な平衡点だけからなる枝であり，下側の連結成分は安定な平衡点と不安定平衡点からなる枝である．r を負の値から増加させるとき，$r = 0$ を超えても急激な変化は見られず，平衡点は上の枝に沿って滑らかに動く．$r > h_c^{-1}(h)$ の範囲では，非常に大きな摂動が加わらない限り，平衡点は下の枝に移動しない．$h < 0$ のときも同様である．図 3.35 より，ピッチフォーク分岐の対称性が不完全性パラメータを導入することによって壊されることがわかる．

以上の結果は，3 次元の図を用いて表すこともできる．(3.8.1) の平衡点 x^* を (r, h) の 2 変数関数と見て，曲面 $x = x^*(r, h)$ のグラフを 3 次元的に描くと，図 3.36 を得る．この曲面はカスプ・カタストロフ曲面とよばれ，ある範囲において曲面自身が折り重なっている部分がある．この折り重なった部分を (r, h) 平面上へ射影したものが図 3.33 である．また，平面 $r = const.$ による切断面は図 3.34 であり，平面 $h = const.$ による切断面は図 3.35 である．

図 3.37 で示されているように，パラメータの値が変化したとき，系の状態がカスプ・カタストロフ曲面の折り重なった部分の上側の縁から，不連続的に下側に落ちるように変化することもありうる．これが，カタストロフ（破局）とよばれる理由である．

問 3.8.1　微分方程式 $\dot{x} = h + rx - x^2$ について次の各問に答えよ．

(1) 分岐パラメータを r とする. $h = 0$ のときの分岐図と $|h|$ が十分小さいときの分岐図との違いを調べよ.
(2) 安定性ダイアグラムを書け.

■ **例題 3.8.2** r と k は正のパラメータとする. $x \geq 0$ で定義された微分方程式

$$\frac{dx}{dt} = rx\left(1 - \frac{x}{k}\right) - \frac{x^2}{1+x^2} \tag{3.8.3}$$

の安定性ダイアグラムを書いて分岐構造を調べよ.

解 $x^* = 0$ が不安定平衡点であることは容易に確かめられる. また, 他の平衡点は次の方程式の解として与えられる.

$$r\left(1 - \frac{x}{k}\right) = \frac{x}{1+x^2} \tag{3.8.4}$$

(3.8.3) の平衡点は上式の左辺の直線と右辺の曲線の交点で与えられる. (3.8.4) の左辺はパラメータ r と k を含む直線であり, 右辺はパラメータを含まない曲線であることに注意しよう.

k を固定して r を動かしたとき, 平衡点の個数がどのように変化するのかを調べよう. k が十分小さいとき, どんな $r > 0$ に対しても交点はただ 1 つ存在する. 一方, k が大きいとき, r の値によって交点の個数は 1 つ, 2 つ, 3 つのいずれかとなる (図 3.38). 3 つの交点 a, b, c があると仮定する. k を固定して r を減少させると, 平衡点 b と c は互いに近づき, 最終的に直線が曲線に接するときにサドルノード分岐が発生して 2 つの平衡点が衝突する (図 3.38 の破線). 分岐発生後に残るただ 1 つの非自明な平衡点は a である. 同様に, r が増加すると a と b は衝突して消滅し, ただ 1 つの非自明な平衡点 c が残る. 図 3.39 より, a は安定, b は不安定, c は安定である.

次に, (k, r) 平面上の分岐曲線を計算する. 前節で扱った場合と違い, 分岐曲線はパラメータを用いて表される. すなわち, 分岐曲線は $(k(x), r(x))$ の形で与えられる.

サドルノード分岐が起きるのは, 直線 $y = r\left(1 - \frac{x}{k}\right)$ と曲線 $y = \frac{x}{1+x^2}$ が接するときであるから,

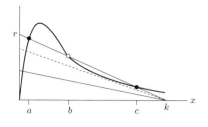
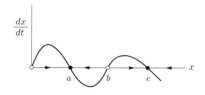

図 3.38 (3.8.3) の平衡点　　　図 3.39 平衡点の安定性

$$r\left(1 - \frac{x}{k}\right) = \frac{x}{1+x^2} \tag{3.8.5}$$

$$\frac{d}{dx}\left\{r\left(1 - \frac{x}{k}\right)\right\} = \frac{d}{dx}\left(\frac{x}{1+x^2}\right) \tag{3.8.6}$$

(3.8.6) より，次を得る．

$$-\frac{r}{k} = \frac{1-x^2}{(1+x^2)^2} \tag{3.8.7}$$

(3.8.7) を (3.8.5) の r/k に代入して整理すると

$$r = \frac{2x^3}{(1+x^2)^2} \tag{3.8.8}$$

を得る．また，(3.8.8) を (3.8.7) に代入すると

$$k = \frac{2x^3}{x^2 - 1} \tag{3.8.9}$$

を得る．ここで，$k > 0$ より $x > 1$ でなければならない．

(3.8.8) と (3.8.9) は (k, r) 平面上の分岐曲線を定義する．図 3.40 は，分岐曲線を (k, r) 平面上に図示した安定性ダイアグラムである．

図 3.40 の領域 I, II, III は，存在する安定な平衡点の種類によって区分されている．領域 I と III では，それぞれ a と c がただ 1 つの安定な平衡点である．領域 II では a と c の 2 つが安定な平衡点である．図 3.40 が図 3.33 に非常に類似していることに注意しよう．(3.8.3) の非自明な平衡点 x^* を 2 変数関数 $x = x^*(k, r)$ の形で表し，そのグラフを描くとカスプ・カタストロフ曲面が得られる（図 3.41）． $\square$

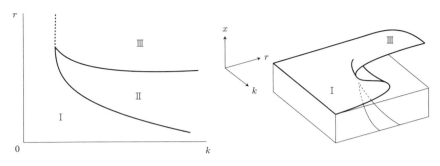

図 3.40 安定性ダイアグラム　　図 3.41 カスプ・カタストロフ曲面

問 3.8.3 $x \geq 0$ で定義された微分方程式 $\dot{x} = x(1-x) - hx/(a+x)$ について次の各問に答えよ．ただし，$a, h > 0$ とする．
(1) 平衡点 $x = 0$ の安定性を調べよ．
(2) 平衡点の個数を a, h の値によって分類し，安定性ダイアグラムを書け．
(3) a の値を固定し，h を分岐パラメータとしたときの分岐図を書け．
(4) ヒステリシスやカタストロフが起きるかどうか調べよ．

3.9　チューリング理論

本節では，生物の形態形成理論の出発点となったチューリング (Turing) 理論を解説する．まず，2 個の細胞間の拡散による相互作用を考慮した常微分方程式モデルを用いて，「拡散によって一様な状態が不安定化することがありうる」というチューリングの拡散誘導不安定性について説明する．次に，拡散誘導不安定性が反応拡散方程式とよばれる偏微分方程式モデルでも見られることを示す．

3.9.1　常微分方程式モデル

いくつかの細胞 (cell) が一様かつ対称に並んでいる状態を多細胞体制という．多細胞体制が分化 (differentiation) を起こして非一様で対称性をもたない状態になることを形態形成 (morphogenesis) という．ここでは，各細胞の状態を規定する因子はとりあえず 2 つからなるものと仮定し，それらを

$$(u(t), v(t))$$

とする．このような (u, v) は形態形成の過程を調整する化学物質のようなものであり，一般に形態因子 (morphogen) とよばれる．

簡単のため，$(u(t), v(t))$ は次のような常微分方程式に従うと仮定しよう．

$$\begin{cases} \dfrac{du}{dt} = 5u - 6v \\ \dfrac{dv}{dt} = 6u - 7v \end{cases} \quad (3.9.1)$$

これは 1 個の細胞内における u, v の働きを表している．$v \equiv 0$ とおくと $du/dt = 5u$ であるから，u は自ら増えることができる．u の増加を抑制しているのは v であり，(3.9.1) の第 1 式の右辺の第 2 項 $-6v$ がその抑制効果を表す．一方，$u \equiv 0$ とおくと $dv/dt = -7v$ であるから，v は自ら増えることができない．v の増加を促進しているのは u であり，(3.9.1) の第 2 式の右辺の第 1 項 $6u$ がその促進効果を表す．このような u, v の働きを考慮して，u を（v に対する）活性化因子 (activator)，v を（u に対する）抑制因子 (inhibitor) という．一般に，活性化因子は自ら増える能力をもつが，抑制因子はそのような能力をもたないことに注意しよう．

(3.9.1) の解は

$$\lim_{t \to \infty} (u(t), v(t)) = (0, 0) \quad (3.9.2)$$

をみたす．実際，

$$A = \begin{pmatrix} 5 & -6 \\ 6 & -7 \end{pmatrix}$$

に対して，A の固有方程式 $\det(A - \lambda I) = 0$ を解くと $\lambda = -1$（重根）であるから，第 2 章の定理 2.2.4 の証明で用いた (2.2.5) 式により (3.9.2) を得る．したがって，孤立した 1 個の細胞の状態は $(0, 0)$ であると考えられる．

次に，2 個の細胞 C_1, C_2 が図 3.42 のように並んでいる場合を考える．C_1 と C_2 はイオンなどが通過できる透過膜を通してつながっており，隣接す

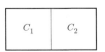

図 **3.42** 2 個の細胞からなる系

る細胞間での形態因子の移動は細胞間における因子濃度の差に比例すると仮定しよう．すなわち，形態因子の移動は広義の意味で拡散[15]であり，$(u_1(t), v_1(t), u_2(t), v_2(t))$ は次の常微分方程式をみたすとする．

$$\begin{cases} \dfrac{du_1}{dt} = 5u_1 - 6v_1 + D_u(u_2 - u_1) \\ \dfrac{dv_1}{dt} = 6u_1 - 7v_1 + D_v(v_2 - v_1) \\ \dfrac{du_2}{dt} = 5u_2 - 6v_2 + D_u(u_1 - u_2) \\ \dfrac{dv_2}{dt} = 6u_2 - 7v_2 + D_v(v_1 - v_2) \end{cases} \quad (3.9.3)$$

ここで，D_u, D_v はそれぞれ u, v が細胞間を移動する拡散係数であり，ともに正の定数であるとする．明らかに，$(u_1, v_1, u_2, v_2) = (0, 0, 0, 0)$ は平衡点であり，$(0, 0, 0, 0)$ は 2 つの細胞 C_1, C_2 が全く同じ状態（一様かつ対称）であることを意味している．

(3.9.3) の平衡点 $(0, 0, 0, 0)$ の安定性を調べよう．(3.9.3) を行列を用いて書き直すと

$$\frac{d\mathbf{x}}{dt} = M\mathbf{x}$$

$$M = \begin{pmatrix} 5 - D_u & -6 & D_u & 0 \\ 6 & -7 - D_v & 0 & D_v \\ D_u & 0 & 5 - D_u & -6 \\ 0 & D_v & 6 & -7 - D_v \end{pmatrix}, \quad \mathbf{x} = \begin{pmatrix} u_1 \\ v_1 \\ u_2 \\ v_2 \end{pmatrix}$$

M の固有値は，固有方程式 $\det(M - \lambda I) = 0$ より

$$(\lambda + 1)^2 \left\{ \lambda^2 + 2(D_u + D_v + 1)\lambda + (4D_u D_v + 14D_u - 10D_v + 1) \right\} = 0$$

であるから，$\lambda = -1$（重解）と

$$\lambda_\pm = -(D_u + D_v + 1) \pm \sqrt{(D_v - D_u)(D_v - D_u + 12)}$$

---

[15] 例えば，$u_2 > u_1$ のとき，$D_u(u_2 - u_1)$ の値は正となり u_1 を増加させるように作用するが，$D_u(u_1 - u_2)$ の値は負となり u_2 を減少させるように作用する．すなわち，$D_u(u_2 - u_1)$ と $D_u(u_1 - u_2)$ は u_1 と u_2 のうちで値の大きい（小さい）ほうを減少（増加）させるように作用し，2 つの細胞間における u の値を等しくしようとする．

である．したがって，

$$(D_v - D_u)(D_v - D_u + 12) < (D_u + D_v + 1)^2$$

すなわち

$$4D_u D_v + 14D_u - 10D_v + 1 > 0$$

ならば，$\lambda_\pm < 0$ となり，$(0,0,0,0)$ は漸近安定となる．一方，

$$4D_u D_v + 14D_u - 10D_v + 1 < 0$$

ならば，$\lambda_+ > 0$，$\lambda_- < 0$ となり，$(0,0,0,0)$ は不安定となる．したがって，

$$F(D_u, D_v) := 4D_u D_v + 14D_u - 10D_v + 1$$

とおくと，平衡点 $(0,0,0,0)$ は $F > 0$ のとき漸近安定，$F < 0$ のとき不安定である．$F = 0$ より $D_v = (1 + 14D_u)/(10 - 4D_u)$ であるから，$F > 0$ または $F < 0$ になる (D_u, D_v) の範囲は図 3.43 のようになる．

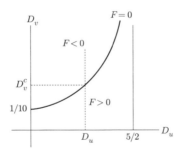

図 **3.43** F の符号変化

｜｜ 命題 3.9.1 ｜｜ $0 < D_u < 5/2$ とする．

$$D_v^c := \frac{1 + 14D_u}{10 - 4D_u} \tag{3.9.4}$$

とおく．(3.9.3) の平衡点 $(0,0,0,0)$ は，$0 < D_v < D_v^c$ ならば漸近安定，$D_v > D_v^c$ ならば不安定である．

命題 3.9.1 は，適当な D_u, D_v をとれば，$(0,0,0,0)$ が不安定になることを意味している．これをチューリングの拡散誘導不安定性 (diffusion induced instability) という．この結果の面白いところは，拡散が2つの細胞の状態を均一化する働きをもっているにもかかわらず，一様で対称な状態が不安定化することにある．そこで，命題 3.9.1 の意味をもう少し詳しく考えてみよう．

$$D_v^c = \frac{1 + 14D_u}{10 - 4D_u} > \frac{14D_u}{10} = \frac{7}{5}D_u > D_u$$

であるから，$(0,0,0,0)$ が不安定化するためには，v は u よりも速く拡散しなければならない．このことは，多細胞体制が非一様で対称性をもたない状態になるために必要な条件である．以下でその理由を直観的に説明しよう．

u は活性化因子であり自ら増えるが，v は抑制因子であり自ら増えることはできない．このことから，まず最初に u が増え，(偶然的な初期状態に応じて) u が多い領域と少ない領域が形成される．v は u を利用して増えるから，u の多い領域では v が増え，u と v の両方が多くなる．同様に，u の少ない領域では v が減り，u と v の両方が少なくなる．結果的に，u と v がともに多い領域とともに少ない領域の2種類の領域が形成される．ところで，v は u に比べて速く拡散するため，u と v がともに多い領域とともに少ない領域の境界部分には u が少なく v が多い領域が現れる (u と v がともに多い領域から v があふれる)．この境界部分では u が増えることはできず，(この境界に取り囲まれている) u と v がともに多い領域は拡がることができないだろう[16]．同様に，u と v がともに少ない領域も拡がることはできず，u と v がともに多い領域とともに少ない領域はどちらも維持され，空間的に非一様で非対称な状態が観察されるだろう．

さて，(3.9.3) は線形方程式であり，$(0,0,0,0)$ が不安定であれば，その解は $t \to \infty$ のとき無限大に発散する．この発散の原因は活性化因子 u が際限なく増えることにあるが，現実の生物系においてはこのような発散は見られない．それゆえ，u の増加を防ぐ効果を取り入れたモデルを考える必要がある．

そこで，1個の細胞からなる次のモデルを考える．

---

[16] 側方抑制 (lateral inhibition) とよばれる

$$\begin{cases} \dfrac{du}{dt} = 5(u - u^3) - 6v \\ \dfrac{dv}{dt} = 6u - 7v \end{cases} \tag{3.9.5}$$

この第 1 式の右辺の第 2 項 $-5u^3$ が u の増加を防ぐ効果を表す．(3.9.5) は非線形常微分方程式であり，その平衡点は

$$5(u - u^3) = 6v, \quad 6u = 7v$$

を解いて $(u, v) = (0, 0)$ である．$(0, 0)$ のまわりの線形化方程式は

$$\begin{cases} \dfrac{d\xi}{dt} = 5\xi - 6\eta \\ \dfrac{d\eta}{dt} = 6\xi - 7\eta \end{cases}$$

となり，(3.9.1) と同じであることがわかる．したがって，(3.9.5) の平衡点 $(0, 0)$ は漸近安定である．

次に，2 個の細胞からなるモデル

$$\begin{cases} \dfrac{du_1}{dt} = 5(u_1 - u_1^3) - 6v_1 + D_u(u_2 - u_1) \\ \dfrac{dv_1}{dt} = 6u_1 - 7v_1 + D_v(v_2 - v_1) \\ \dfrac{du_2}{dt} = 5(u_2 - u_2^3) - 6v_2 + D_u(u_1 - u_2) \\ \dfrac{dv_2}{dt} = 6u_2 - 7v_2 + D_v(v_1 - v_2) \end{cases} \tag{3.9.6}$$

を考える．(3.9.6) の平衡点を求めよう．

$$\begin{cases} 5(u_1 - u_1^3) - 6v_1 + D_u(u_2 - u_1) = 0 \\ 6u_1 - 7v_1 + D_v(v_2 - v_1) = 0 \\ 5(u_2 - u_2^3) - 6v_2 + D_u(u_1 - u_2) = 0 \\ 6u_2 - 7v_2 + D_v(v_1 - v_2) = 0 \end{cases}$$

に対して，変数変換

$$\begin{cases} u_1 + u_2 = \xi_1, \quad u_1 - u_2 = \xi_2 \\ v_1 + v_2 = \eta_1, \quad v_1 - v_2 = \eta_2 \end{cases}$$

を行うと

$$\begin{cases} -\dfrac{5}{4}\xi_1(\xi_1{}^2 + 3\xi_2{}^2) + 5\xi_1 - 6\eta_1 = 0 \\ 5\xi_2 - \dfrac{5}{4}\xi_2(3\xi_1{}^2 + \xi_2{}^2) - 6\eta_2 - 2D_u\xi_2 = 0 \\ 6\xi_1 - 7\eta_1 = 0 \\ 6\xi_2 - 7\eta_2 - 2D_v\eta_2 = 0 \end{cases}$$

となる．これを解いて

$$(\xi_1, \eta_1, \xi_2, \eta_2) = (0,0,0,0), \quad (0, 0, \pm A, \pm B) \quad (複号同順)$$

を得る．ただし，

$$A = \sqrt{-\frac{4}{5} \cdot \frac{4D_uD_v + 14D_u - 10D_v + 1}{7 + 2D_v}}$$

$$B = \frac{6}{7 + 2D_v}\sqrt{-\frac{4}{5} \cdot \frac{4D_uD_v + 14D_u - 10D_v + 1}{7 + 2D_v}}$$

である．以上をまとめて次の結果を得る．

命題 3.9.2 $F(D_u, D_v) = 4D_uD_v + 14D_u - 10D_v + 1$ とおく．$F \geq 0$ ならば (3.9.6) の平衡点は $(0,0,0,0)$ の1つだけである．$F < 0$ ならば (3.9.6) の平衡点は $(0,0,0,0)$ および

$$\left(\pm\frac{A}{2}, \pm\frac{B}{2}, \mp\frac{A}{2}, \mp\frac{B}{2}\right) \quad (複号同順)$$

の3つである．

平衡点 $(0,0,0,0)$ の安定性を調べよう．$(0,0,0,0)$ のまわりの線形化方程式は (3.9.3) と同じであるから，命題 3.9.1 より $0 < D_u < 5/2$ のとき，$(0,0,0,0)$

は $0 < D_v < D_v^c$ ならば漸近安定, $D_v > D_v^c$ ならば不安定である. ここで, D_v^c は (3.9.4) で与えられている.

$F > 0$ または $F < 0$ になる (D_u, D_v) の範囲は図 3.43 で与えられている. したがって, $0 < D_u < 5/2$ のとき, D_u を固定して D_v の値を増加させると, $D_v = D_v^c$ で $(0,0,0,0)$ は不安定化し超臨界ピッチフォーク分岐が起き, 別の安定な 2 つの平衡点 $(A/2, B/2, -A/2, -B/2)$ と $(-A/2, -B/2, A/2, B/2)$ が生じる (図 3.44). これらの新しい平衡点は, 2 つの細胞が非一様で対称性をもたない状態になったことを意味している.

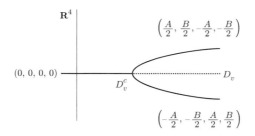

図 3.44 (3.9.6) の分岐図. 実線は安定平衡点, 点線は不安定平衡点を表す.

以上の考察により, 活性化因子と抑制因子によって制御される多細胞体制において, 抑制因子が活性化因子よりも速く拡散すれば, 多細胞体制は非一様で対称性をもたない状態へ分化することが示唆される.

最後に, 図 3.45 のように N 個の細胞が円環状に並んでいるモデルを考える. すなわち, 次の方程式をみたす $(u_0(t), v_0(t), u_1(t), v_1(t), \cdots, u_{N-1}(t), v_{N-1}(t))$ を考える.

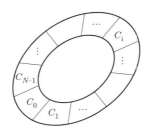

図 3.45 細胞が円環状に並んだ系

$$\begin{cases} \dfrac{du_0}{dt} = f(u_0,v_0) + D_u(u_1 - u_0) + D_u(u_{N-1} - u_0) \\ \dfrac{dv_0}{dt} = g(u_0,v_0) + D_v(v_1 - v_0) + D_v(v_{N-1} - v_0) \\ \dfrac{du_i}{dt} = f(u_i,v_i) + D_u(u_{i+1} - u_i) + D_u(u_{i-1} - u_i) \quad (i=1,2,\cdots,N-2) \\ \dfrac{dv_i}{dt} = g(u_i,v_i) + D_v(v_{i+1} - v_i) + D_v(v_{i-1} - v_i) \quad (i=1,2,\cdots,N-2) \\ \dfrac{du_{N-1}}{dt} = f(u_{N-1},v_{N-1}) + D_u(u_{N-2} - u_{N-1}) + D_u(u_0 - u_{N-1}) \\ \dfrac{dv_{N-1}}{dt} = g(u_{N-1},v_{N-1}) + D_v(v_{N-2} - v_{N-1}) + D_v(v_0 - v_{N-1}) \end{cases}$$
(3.9.7)

ここで,$f = f(u,v)$ と $g = g(u,v)$ は u と v がそれぞれ活性化因子と抑制因子を表すように定義された一般的な形の関数であるとする.

$$u_{-1} = u_{N-1}, \quad u_N = u_0, \quad v_{-1} = v_{N-1}, \quad v_N = v_0$$

とおくと,(3.9.7) は

$$\begin{cases} \dfrac{du_i}{dt} = f(u_i,v_i) + D_u(u_{i+1} - 2u_i + u_{i-1}) \quad (i=0,1,\cdots,N-1) \\ \dfrac{dv_i}{dt} = g(u_i,v_i) + D_v(v_{i+1} - 2v_i + v_{i-1}) \quad (i=0,1,\cdots,N-1) \end{cases}$$
(3.9.8)

のように書き直すことができる.

差分法の考え方(付録 C, C.2.1 項)にもとづいて,細胞の大きさを無限に小さくし,個数を無限に多くする場合を形式的に考えてみよう.

$$u_i(t) \to u(i\Delta x, t), \quad v_i(t) \to v(i\Delta x, t), \quad \Delta x = \frac{1}{N}$$

と見て,(3.9.8) を空間方向に離散化された差分方程式と考える[17].このとき,(3.9.8) を空間方向に連続化すると偏微分方程式

---

[17] とりあえず認めて先に進み,付録 C の C.2.1 項を読み終えた後に見直すとよいだろう.

$$\begin{cases} \dfrac{\partial u}{\partial t} = d_u \dfrac{\partial^2 u}{\partial x^2} + f(u,v) \\ \dfrac{\partial v}{\partial t} = d_v \dfrac{\partial^2 v}{\partial x^2} + g(u,v) \end{cases} \quad (0 \le x \le 1,\ t>0) \qquad (3.9.9)$$

が得られる[18]．ただし，u, v は周期境界条件

$$\begin{cases} u(0) = u(1), \quad \dfrac{\partial u}{\partial x}(0) = \dfrac{\partial u}{\partial x}(1) \\ v(0) = v(1), \quad \dfrac{\partial v}{\partial x}(0) = \dfrac{\partial v}{\partial x}(1) \end{cases}$$

をみたす．

(3.9.9) の右辺は u, v の拡散を表す項 $d_u u_{xx}, d_v v_{xx}$ と相互作用（反応）を表す項 $f(u,v), g(u,v)$ からなる．このような形の偏微分方程式は反応拡散方程式とよばれている．

(3.9.7) から (3.9.9) を導出した過程からもわかるように，反応拡散方程式は無限次元の常微分方程式とみなすことができる．したがって，反応拡散方程式についても，平衡解[19]，平衡解の安定性，分岐などの概念を定義することができる [19]．ただし，通常の有限次元の常微分方程式と異なり，細かい点で数学的に精密な議論が必要されることもある．

3.9.2 反応拡散方程式モデル

前項では，常微分方程式モデルの枠内でチューリング理論を説明した．本項では，反応拡散方程式において拡散係数の値を変化させると，空間一様な平衡解が不安定化し別の空間非一様な安定平衡解が出現することを形式的な計算にもとづいて示す．

$u(x,t), v(x,t)$ は次の反応拡散方程式をみたすとする．

$$\begin{cases} u_t = d_1 u_{xx} + f(u,v) \\ v_t = d_2 v_{xx} + g(u,v) \end{cases} \qquad (3.9.10)$$

---
[18] d_u, d_v は D_u, D_v とは異なる．
[19] 平衡点もしくは定常解ということもある．

ここで, $f(u,v)$, $g(u,v)$ は

$$f(u,v) = \alpha(u - u^3) - \beta v, \quad g(u,v) = \beta u - \gamma v$$

である. ここで, u は活性化因子, v は抑制因子である. また, α, β, γ は正のパラメータであり, 後でその範囲を定める.

x のとりうる範囲については, $\mathbf{R}$ 全体と考えて境界条件を付けない場合を扱う. 次に, x のとりうる範囲を閉区間 $[0,1]$ に制限し, 周期境界条件もしくはノイマン境界条件

$$u_x = v_x = 0 \quad \text{at} \quad x = 0 \ \text{or} \ 1$$

を付ける場合を扱うことにする.

(3.9.10) の解析を始める前に, (3.9.10) から拡散項を取り除いて得られる常微分方程式

$$\begin{cases} u_t = f(u,v) \\ v_t = g(u,v) \end{cases} \tag{3.9.11}$$

の平衡点とその安定性を調べておこう. 簡単な計算により, $\beta^2 - \alpha\gamma > 0$ のとき, uv 平面は 2 つの曲線 $f(u,v) = 0$ と $g(u,v) = 0$ によって図 3.46 のように 4 つの領域に分けられることがわかる. また, (3.9.11) の平衡点は原点 $(0,0)$ のみであり, そのまわりの線形化行列は

$$A = \begin{pmatrix} \alpha & -\beta \\ \beta & -\gamma \end{pmatrix} \tag{3.9.12}$$

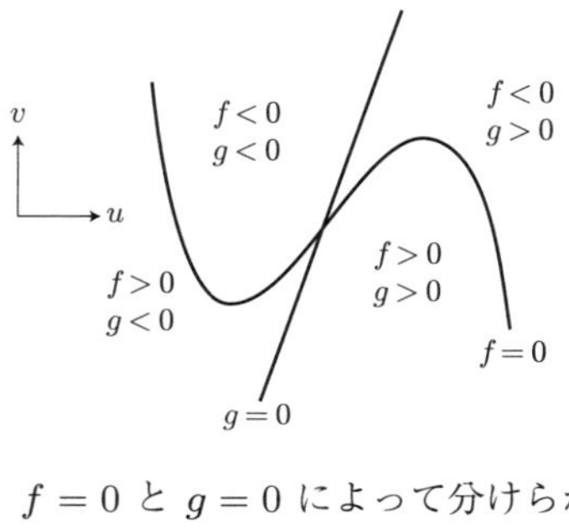

図 3.46 $f = 0$ と $g = 0$ によって分けられる領域

である．ここでは，

$$\operatorname{tr}(A) = \alpha - \gamma < 0, \quad \det(A) = \beta^2 - \alpha\gamma > 0 \tag{3.9.13}$$

を仮定する．このとき，A の固有値の実部は負となり，(3.9.11) の平衡点 $(0,0)$ は漸近安定である．

$(u^*, v^*) = (0, 0)$ は (3.9.11) の平衡点であると同時に，(3.9.10) の空間一様な平衡解でもある．すなわち，$u = u^*(x) \equiv 0$, $v = v^*(x) \equiv 0$ は

$$d_1 u_{xx} + f(u,v) = 0, \quad d_2 v_{xx} + g(u,v) = 0$$

をみたす．以下では，抑制因子 v の拡散係数 d_2 の値を増加させると，反応拡散方程式 (3.9.10) の空間一様な平衡解 (u^*, v^*) が（常微分方程式 (3.9.11) の平衡点であると考えたときは漸近安定であるにもかかわらず）不安定化することを示す．

(3.9.10) の (u^*, v^*) のまわりの線形化方程式は

$$\begin{cases} w_t = d_1 w_{xx} + f_u(u^*, v^*) w + f_v(u^*, v^*) z \\ z_t = d_2 z_{xx} + g_u(u^*, v^*) w + g_v(u^*, v^*) z \end{cases}$$

すなわち，

$$\begin{cases} w_t = d_1 w_{xx} + \alpha w - \beta z \\ z_t = d_2 z_{xx} + \beta w - \gamma z \end{cases} \tag{3.9.14}$$

で与えられる．(3.9.14) の解の形を

$$\begin{pmatrix} w \\ z \end{pmatrix} = e^{\lambda t + ikx} \Psi_k + c.c., \quad \Psi_k = \begin{pmatrix} p_k \\ q_k \end{pmatrix} \tag{3.9.15}$$

と仮定しよう（付録 A.4）．ここで，$\lambda \in \mathbf{C}$, $k \in \mathbf{R}$ であり，c.c. は $e^{\lambda t + ikx} \Psi_k$ の複素共役 (complex conjugate) を意味する．上式を (3.9.14) に代入して整理すると

$$(\lambda E + sD - A)\Psi_k = 0 \tag{3.9.16}$$

を得る．ただし，A は (3.9.12) で与えられ

$$E = \begin{pmatrix} 1 & 0 \\ 0 & 1 \end{pmatrix}, \quad D = \begin{pmatrix} d_1 & 0 \\ 0 & d_2 \end{pmatrix}, \quad s = k^2$$

である．(3.9.16) が非自明な解 $\Psi_k \neq 0$ をもつためには

$$\det(\lambda E + sD - A) = 0$$

すなわち，

$$\lambda^2 + \mathrm{tr}(sD - A)\lambda + \det(sD - A) = 0 \tag{3.9.17}$$

でなければならない．これは λ についての2次方程式であり，その解を

$$\lambda_1 = \lambda_1(k^2; d_2), \quad \lambda_2 = \lambda_2(k^2; d_2),$$

で表す．このとき，ある k に対して $\max(\mathrm{Re}\,\lambda_1, \mathrm{Re}\,\lambda_2) > 0$ ならば (3.9.10) の空間一様な平衡解 (u^*, v^*) は不安定である．実際，そのような k に対して，(3.9.15) で与えられる (3.9.14) の解は $t \to \infty$ のとき無限大に発散する．また，(u^*, v^*) 付近の (3.9.10) の解のダイナミクスは (3.9.14) で近似される．よって，(u^*, v^*) 付近の初期値 $(a_1 \cos(kx), a_2 \cos(kx))$（$a_1, a_2$ は十分小さい正の数）から出発する (3.9.10) の解で (u^*, v^*) から離れていくものが存在する．

一方，すべての k に対して $\max(\mathrm{Re}\,\lambda_1, \mathrm{Re}\,\lambda_2) < 0$ ならば (3.9.10) の空間一様な平衡解 (u^*, v^*) は漸近安定である．それは，(3.9.14) が線形微分方程式であり，その解が (3.9.15) の形の解の重ね合わせ（線形結合）で与えられるという理由による．

さらに，$s = k^2 = 0$ のとき $\max(\mathrm{Re}\,\lambda_1, \mathrm{Re}\,\lambda_2) < 0$ がすべての $d_2 > 0$ に対して成り立つことに注意しよう．これは A の固有値の実部が負であることから直ちにわかる．以上を踏まえて，次の条件をみたす d_2 の値 d_2^c を求めよう．

- $0 < d_2 < d_2^c$ ならば，任意の $k \neq 0$ に対して $\max(\mathrm{Re}\,\lambda_1, \mathrm{Re}\,\lambda_2) < 0$ が成り立つ．一方，$d_2 > d_2^c$ ならば，ある $k \neq 0$ に対して $\max(\mathrm{Re}\,\lambda_1, \mathrm{Re}\,\lambda_2) > 0$ が成り立つ．

さて，(3.9.13) より $\mathrm{tr}(sD - A) > 0$ であるから，(3.9.17) は互いに共役な純虚数の解をもたない．このことは，上の条件をみたす d_2^c が存在すれば，

$d_2 = d_2^c$ のとき $\max(\operatorname{Re}\lambda_1, \operatorname{Re}\lambda_2) = 0$ ならば $\operatorname{Im}\lambda_1 = \operatorname{Im}\lambda_2 = 0$ でなければならないことを意味している．よって，各 $s = k^2 > 0$ に対して，(3.9.17) が $\lambda = 0$ を解にもつような d_2 の値を調べる．すなわち，各 s に対して

$$\det(sD - A) = \beta^2 - (\alpha - sd_1)(\gamma + sd_2) = 0$$

をみたす d_2 の値 $\hat{d}_2(s)$ を求めると，

$$d_2 = \hat{d}_2(s) = \frac{\beta^2}{s(\alpha - sd_1)} - \frac{\gamma}{s}, \quad 0 < s < \frac{\alpha}{d_1} \tag{3.9.18}$$

を得る．$d_2 = \hat{d}_2(s)$ のグラフは図 3.47 (a) のようになり，

$$s_c = k_c^2 = \frac{\alpha\sqrt{\beta^2 - \alpha\gamma}}{d_1(\beta + \sqrt{\beta^2 - \alpha\gamma})}$$

のとき最小値

$$d_2^c = \hat{d}_2(s_c) = \frac{d_1(\beta + \sqrt{\beta^2 - \alpha\gamma})^2}{\alpha^2}$$

をもつことがわかる．また，$d_2 < \hat{d}_2(s)$ ならば $\det(sD - A) > 0$ より (3.9.17) の解の実部は負となり，$d_2 > \hat{d}_2(s)$ ならば $\det(sD - A) < 0$ より (3.9.17) は実部が正の解をもつことがわかる．以上をまとめて次の結果を得る．

命題 3.9.3 (全領域 **R** の場合) α, β, γ は (3.9.13) をみたすとする．このとき，(3.9.10) の平衡解 $(u^*, v^*) = (0, 0)$ は $0 < d_2 < d_2^c$ ならば漸近安定，$d_2 > d_2^c$ ならば不安定である．

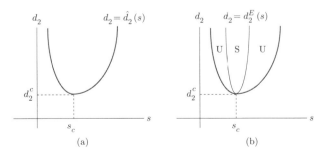

図 3.47 (a) $d_2 = \hat{d}_2(s)$ のグラフ．平衡解 ϕ の存在領域はグラフの上側．(b) $d_2 = d_2^E(s)$ のグラフ．S と U はそれぞれ平衡解 ϕ が安定な領域，不安定な領域を表す．

$d_2 > \hat{d}_2(s)$ をみたす d_2 と $k = \sqrt{s}$ に対して，$(u^*, v^*) = (0,0)$ 付近の初期値 $(a_1 \cos(kx), a_2 \cos(kx))$ (a_1, a_2 は十分小さい) から出発する (3.9.10) の解を考える．時間が経つにつれて a_1 と a_2 の絶対値は増加していくが，u の増加を抑制する非線形項の働きによってある有限の値に落ち着くと思われる．実際，次の結果が成り立つ．

定理 3.9.4 （全領域 **R** の場合） α, β, γ は (3.9.13) をみたすとする．このとき，(s_c, d_2^c) の近傍で $d_2 > \hat{d}_2(s)$ をみたす d_2 と $k = \sqrt{s}$ に対して，(3.9.10) は

$$\phi(x; d_2, k) = 2\varepsilon k \cos(kx) \begin{pmatrix} (\alpha - d_1 k^2)\beta^{-1} \\ (\alpha - d_1 k^2)^2 \beta^{-2} \end{pmatrix} + O(\varepsilon^3), \quad \varepsilon = \sqrt{\frac{d_2 - \hat{d}_2(k^2)}{3\alpha}}$$
(3.9.19)

の形の平衡解をもつ[20]．

定理 3.9.4 はリアプノフ・シュミット (Lyapunov-Schmidt) 分解を用いて証明される．リアプノフ・シュミット分解は，分岐理論において中心多様体定理と同様に基本的な役割を演じる．数学的な予備知識が必要とされるため，この証明の概略は付録 B.3 と B.4 で与える．

定理 3.9.4 により，抑制因子の拡散係数 d_2 を増加させると，ある値 d_2^c を境にして，空間一様な平衡解が不安定化し，別の空間周期的な平衡解が出現することがわかる．

平衡解 $\phi(x; d_2, k)$ の安定性については，次の結果が知られている．

定理 3.9.5 （全領域 **R** の場合） α, β, γ は (3.9.13) をみたすとする．次の性質をもつ曲線 $d_2 = d_2^E(s)$ が存在する（図 3.47 (b)）．
(1) $d_2^c = d_2^E(s_c) = \hat{d}_2(s_c)$, $d_2^E(s) > \hat{d}_2(s)$ ($s \neq s_c$)
(2) (s_c, d_2^c) の近傍において $d_2 > d_2^E(s)$ をみたす d_2 と $k = \sqrt{s}$ に対して，(3.9.10) の平衡解 $\phi(x; d_2, k)$ は安定[21]である．一方，$\hat{d}_2(s) < d_2 < d_2^E(s)$ をみたす d_2 と $k = \sqrt{s}$ に対して，$\phi(x; d_2, k)$ は不安定である．

---
[20] ϕ を平行移動した $\phi(x + c; d_2, k)$ ($c \in \mathbf{R}$) も平衡解である．
[21] 平行移動を考慮した $L^2(\mathbf{R})$ における安定性（平衡解の族に対する安定性）である．

定理 3.9.5 は，出現した空間周期的な平衡解に不安定なものが存在することを意味している．この不安定性は x のとりうる範囲が全領域 **R** であることによる．境界条件をもつ有限領域の場合と異なり，全領域の場合は，新しく出現する平衡解の空間周期に対して境界条件による制約が課されない．それゆえ，この平衡解に微小な摂動を加えると，空間周期が微妙に歪んでしまう可能性がある．定理 3.9.5 によって示された不安定性は，そのような空間周期の歪みによるものであり，エックハウス不安定性とよばれている [15]．

次に，x のとりうる範囲を閉区間 $[0,1]$ に制限し，周期境界条件もしくはノイマン境界条件を付ける場合を考えよう．これらの場合，全領域 **R** のときの議論で用いた $s = k^2 > 0$ は離散的な値をとる．すなわち，

$$k = 2n\pi \ (n = 1, 2, \cdots) \quad （周期境界条件のとき）$$
$$k = n\pi \ (n = 1, 2, \cdots) \quad （ノイマン境界条件のとき）$$

となる．このとき，(3.9.15) で与えられた (3.9.14) の解は境界条件をみたす．以下では，ノイマン境界条件の場合を考える（周期境界条件の場合も同様である）．

$s = (n\pi)^2$ を (3.9.18) に代入して，d_1 の式と見れば

$$d_2 = \tilde{d}_n(d_1) := \frac{\beta^2/(n\pi)^4}{\alpha/(n\pi)^2 - d_1} - \frac{\gamma}{(n\pi)^2}, \quad 0 < d_1 < \frac{\alpha}{(n\pi)^2} \tag{3.9.20}$$
$$(n = 1, 2, 3, \cdots)$$

となる．

各 n に対して $d_2 = \tilde{d}_n(d_1)$ で定義される $d_1 d_2$ 平面上の曲線を C_n とする．$p_1 = \alpha/\pi^2$ とし，$p_i \ (i = 2, 3, \cdots)$ を C_i と C_{i-1} の交点の d_1 座標とする．

$$\Gamma = \bigcup_{n=1}^{\infty} \widetilde{C_n}, \quad \widetilde{C_n} = \left\{ (d_1, d_2) \in C_n \ \middle| \ p_{n+1} \leq d_1 \leq p_n \right\}$$

とおくと，Γ は図 3.48 のような $d_1 d_2$ 平面上の曲線となる．このとき，

$$\Omega_s = \left\{ (d_1, d_2) \ \middle| \ (d_1, d_2) が曲線 \Gamma より下側にある \right\}$$
$$\Omega_u = \left\{ (d_1, d_2) \ \middle| \ (d_1, d_2) が曲線 \Gamma より上側にある \right\}$$

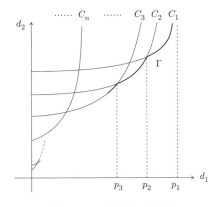

図 **3.48** 曲線 Γ の概形

と定義すると，$\Omega_s \cap \Omega_u = \Omega_s \cap \Gamma = \Omega_u \cap \Gamma = \emptyset$ および

$$\left\{ (d_1, d_2) \ \middle| \ 0 < d_1 < \infty, \ \ 0 < d_2 < \infty \right\} = \Omega_s \cup \Gamma \cup \Omega_u$$

であって，次が成り立つ．

命題 3.9.6 （**閉区間** $[0,1]$ **でノイマン境界条件の場合**） α, β, γ は (3.9.13) をみたし，$0 < d_1 < \alpha/\pi^2$ とする．(3.9.10) の平衡解 $(u^*, v^*) = (0,0)$ は，$(d_1, d_2) \in \Omega_s$ ならば漸近安定，$(d_1, d_2) \in \Omega_u$ ならば不安定である．

直線 $d_1 = d_1$ と曲線 Γ の交点を $\tilde{d}_c$ とする．$p_{n+1} < d_1 < p_n$ の範囲で d_1 を固定し d_2 の値を増加させると，$d_2 = \tilde{d}_c$ で $(u^*, v^*) = (0,0)$ は不安定化し超臨界ピッチフォーク分岐が起き，別の安定な[22]平衡解 $\pm\phi(x; d_2, n\pi)$ が生じる（図 3.49）．このことは，前項で述べた 2 個の細胞の場合と同様である．

注意 3.9.7 $d_1 = p_n (n \geq 2)$ のときは $d_2 = \tilde{d}_c$ で 0 固有値が 2 重になる分岐（複合分岐）が生じる．一般に，複合分岐点の解析は中心多様体理論や直交群に関する知識にもとづいた精密な議論が必要とされる．興味のある読者は [9] などの文献を参照してほしい．

以上の考察により，活性化因子と抑制因子の 2 つの変数からなる反応拡散方

---

[22] $L^2_N(0,1)$ における安定性である．ここで，N はノイマン境界条件を表す．境界条件付きの（十分大きくない）有限領域ではエックハウス不安定性は生じない．

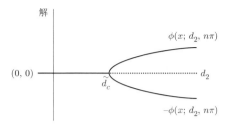

図 3.49 ノイマン境界条件のときの (3.9.10) の分岐図．実線は安定平衡点，点線は不安定平衡点を表す．

程式において，適当な条件の下で抑制因子の拡散係数を大きくすれば空間的に一様な平衡解は不安定化し，別の空間周期的な安定平衡解が現れる．この安定平衡解を空間的な構造をもったパターンと考えることにより，パターンの形成を安定性と分岐という観点から説明することができる．

最後に，反応拡散方程式の初期値境界値問題

$$\begin{cases} u_t = d_1 u_{xx} + \alpha(u - u^3) - \beta v \\ v_t = d_2 v_{xx} + \beta u - \gamma v \\ u_x(0,t) = u_x(1,t) = 0 \qquad (0 \leq x \leq 1,\ t > 0) \\ v_x(0,t) = v_x(1,t) = 0 \\ u(x,0) = u_0(x), \quad v(x,0) = v_0(x) \end{cases} \qquad (3.9.21)$$

をコンピュータを用いて数値的に解いて，空間周期的な安定平衡解を図示した結果を示しておく．数値解法とプログラムの詳細については付録 C.2 を参照してほしい．

(3.9.13) をみたすように

$$\alpha = 5.0, \quad \beta = 6.0, \quad \gamma = 7.0$$

とおく．次に，(3.9.20) で与えられる $d_1 d_2$ 平面上の曲線 $C_n : d_2 = \tilde{d}_n(d_1)$ について，C_5 と C_6 の交点 p_6 および C_5 と C_4 の交点 p_5 を求めると

$$p_6 \approx 0.0024, \quad p_5 \approx 0.0036$$

となる．よって，$d_1 = 0.003$ のとき $p_6 < d_1 < p_5$ が成り立ち，$\tilde{d}_c = \tilde{d}_5(d_1) \approx 0.0058$ となる．したがって，$d_1 = 0.003$ のとき d_2 の値が 0.0058 を超える

ように設定すれば，(3.9.21) を解くことにより $\pm\cos(5\pi x)$ の形の空間周期的な安定平衡解が得られるはずである．そこで，$d_2 = 0.0062$ として，初期値 $u_0(x), v_0(x)$ をそれぞれ -0.00005 から 0.00005 の間の実数値をランダムにとる関数に設定する．初期値をこのように選んだのは，平衡解 $(u^*, v^*) = (0, 0)$ に小さい摂動を与えるためである．

図 3.50 は (3.9.21) の $0 \leq t \leq 300$ における数値解を表す．これより空間的に一様な平衡状態から空間周期的なパターンが形成されていく様子がわかる．力学系の視点から見ると，これは不安定平衡解 $(u^*, v^*) = (0, 0)$ と安定平衡解 $\phi(x; d_2, k)$ を結ぶヘテロクリニック軌道である．図 3.50 において出現する空間周期的な安定平衡解は $u(x) \approx 0.10\cos(5\pi x)$, $v(x) \approx 0.072\cos(5\pi x)$ であり，(3.9.19) で与えられる平衡解とほぼ一致している．このように，反応拡散方程式において拡散係数を分岐パラメータとして変化させたとき，空間一様な平衡解から分岐して現れる空間非一様な解をチューリングパターンという．

注意 3.9.8 ここでは，1 次元空間上の 2 変数の反応拡散方程式に現れる単純なチューリングパターンを扱ったが，実際に面白いパターンが観察されるのは 2 次元または 3 次元の場合である．例えば，2 次元空間上ではロールパターンや六角形パターン，3 次元空間上ではラメラ構造やジャイロイド構造をもつパターンなどが現れることが知られている [10, 22]．

注意 3.9.9 3 変数以上の反応拡散方程式では，空間一様な平衡解から周期進行波解（periodic traveling wave, $a\cos(kx + \omega t)$ の形の解）や定在波（standing

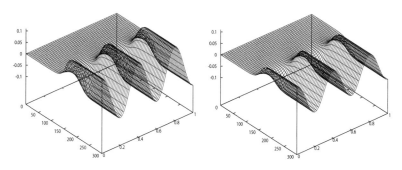

図 3.50 (3.9.21) の $0 \leq t \leq 300$ における数値解．左側が $u(x, t)$, 右側が $v(x, t)$.

wave, $a\cos(kx)\cos(\omega t)$ の形の解）が分岐することがある．2 変数の反応拡散方程式では，そのような分岐はありえない．

　50 年以上前に，チューリングが「拡散によって一様な状態が不安定化することがありうる」という主張をしたとき，それは当時の人々には受け入れられなかった．常識的に考えれば，拡散は状態を均質化して一様にするものであり，その逆はありえないからである．現在では，このチューリングの主張は「パラメータの値を変化させることにより，安定な状態が不安定化して別の安定な状態が分岐する」という一般的な主張に含めて理解されている．安定性と分岐はパターン形成の問題を考えるときの最初の着眼点なのである．

付録 A

微分積分と線形代数に関する事項

A.1 ジョルダン標準形

n 次正方行列の固有方程式が重根をもつ場合は，行列を対角化できないことがある．このときどうするかを 2 次行列の場合を例にとって説明しよう．

2 次正方行列 A の固有方程式 $\det(A - \lambda E) = 0$ が重根 α をもつとしよう．今，2 個の線形独立な固有ベクトルが見つかったとする．すなわち，

$$A\mathbf{v}_1 = \alpha \mathbf{v}_1, \qquad A\mathbf{v}_2 = \alpha \mathbf{v}_2$$

をみたす 2 個の線形独立なベクトル $\mathbf{v}_1$, $\mathbf{v}_2$ があるとする．上式は

$$A(\mathbf{v}_1\ \mathbf{v}_2) = (\mathbf{v}_1\ \mathbf{v}_2) \begin{pmatrix} \alpha & 0 \\ 0 & \alpha \end{pmatrix}$$

のように書くことができる．よって，$P = (\mathbf{v}_1\ \mathbf{v}_2)$ とおき，P^{-1} を上式に左側から掛ければ

$$P^{-1}AP = D, \qquad D = \begin{pmatrix} \alpha & 0 \\ 0 & \alpha \end{pmatrix}$$

を得る．このようにして，行列 A を対角行列 D へ直すことができる（行列の対角化）．しかし，2 個の線形独立な固有ベクトルが見つからなかったときは，対角行列に直せない．このときは，少し妥協して

$$D' = \begin{pmatrix} \alpha & 1 \\ 0 & \alpha \end{pmatrix}$$

という形の3角行列 D' へ直すことを考えよう．そのためには，

$$A(\mathbf{v}_1 \ \mathbf{v}_2) = (\mathbf{v}_1 \ \mathbf{v}_2) \begin{pmatrix} \alpha & 1 \\ 0 & \alpha \end{pmatrix}$$

すなわち，

$$A\mathbf{v}_1 = \alpha\mathbf{v}_1, \quad A\mathbf{v}_2 = \alpha\mathbf{v}_2 + \mathbf{v}_1$$

$$\therefore \quad (A - \alpha E)\mathbf{v}_1 = \mathbf{0}, \quad (A - \alpha E)\mathbf{v}_2 = \mathbf{v}_1$$

が成立していなければならない．したがって，$\mathbf{v}_1$ は A の固有値 α に対する固有ベクトルだが，$\mathbf{v}_2$ はそうではない．

上で述べたことを，行列

$$A = \begin{pmatrix} 5 & 1 \\ -1 & 3 \end{pmatrix}$$

で考えてみよう．A の固有方程式は $\det(A - \lambda E) = \lambda^2 - 8\lambda + 16 = 0$ なので，$\lambda = 4$（2重根）が A の固有値である．$(A - 4E)\mathbf{v}_1 = \mathbf{0}$ より

$$\begin{pmatrix} 1 & 1 \\ -1 & -1 \end{pmatrix} \begin{pmatrix} x \\ y \end{pmatrix} = \begin{pmatrix} 0 \\ 0 \end{pmatrix} \quad \therefore \quad \mathbf{v}_1 = \begin{pmatrix} x \\ y \end{pmatrix} = \begin{pmatrix} 1 \\ -1 \end{pmatrix}$$

となる．また，$(A - 4E)\mathbf{v}_2 = \mathbf{v}_1$ より

$$\begin{pmatrix} 1 & 1 \\ -1 & -1 \end{pmatrix} \begin{pmatrix} x \\ y \end{pmatrix} = \begin{pmatrix} 1 \\ -1 \end{pmatrix} \quad \therefore \quad \mathbf{v}_2 = \begin{pmatrix} x \\ y \end{pmatrix} = \begin{pmatrix} 0 \\ 1 \end{pmatrix}$$

となる．よって，

$$P = (\mathbf{v}_1 \ \mathbf{v}_2) = \begin{pmatrix} 1 & 0 \\ -1 & 1 \end{pmatrix}$$

とおけば，確かに

$$P^{-1}AP = D', \quad D' = \begin{pmatrix} 4 & 1 \\ 0 & 4 \end{pmatrix}$$

が成り立つことがわかる．

このようにして，行列 A を3角行列に直すことができた．行列 D' を A のジョルダン標準形という．また，$\mathbf{v}_2$ を A の一般化（退化）固有ベクトルといい，このときの対応する固有値を退化固有値ということもある．一般に，対角化できない n 次正方行列は，一般化固有ベクトルを利用してジョルダン標準形に直せることが知られている．

A の固有値 α が固有方程式 $\det(A-\lambda E)=0$ の m 重解であるとき，m を固有値 α の代数的次元という．一方，固有空間 $\{\mathbf{v}\,|\,(A-\alpha E)\mathbf{v}=\mathbf{0}\,\}$ の次元を固有値 α の幾何学的次元という．一般に，（幾何学的次元）$\leq$（代数的次元）であり，（幾何学的次元）<（代数的次元）のとき，一般化固有ベクトルが存在する．例えば，上の行列

$$A = \begin{pmatrix} 5 & 1 \\ -1 & 3 \end{pmatrix}$$

の場合は，固有値 4 の代数的次元が 2，幾何学的次元が 1 である．

A.2 平面上の点集合

xy 平面上において，点 $P(a,b)$ を中心とする半径 ε の円の内部

$$U(P,\varepsilon) = \{\,(x,y)\,|\,(x-a)^2+(y-b)^2<\varepsilon^2\,\}$$

を点 P の ε 近傍または単に近傍という．

D を xy 平面上の点の集合とする（図 A.1）．点 P に対し，十分小さな半径 ε をとれば P の近傍 $U(P,\varepsilon)$ が D に含まれるとき，点 P を集合 D の内点という．

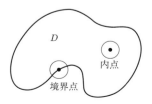

図 A.1 内点と境界点

点 Q に対し,半径 ε をどんなに小さくとっても $U(Q,\varepsilon)$ が D に属する点と属さない点を含むとき,点 Q を集合 D の境界点という.

境界点をもたない集合,すなわち,D のすべての点が D の内点である集合を開集合という.一方,境界点をすべて含むような集合を閉集合という.また,集合 D が原点を中心とする有限な半径の円の内部に含まれるとき,D を有界集合という.有界な閉集合を有界閉集合という.

集合 D 内の任意の2点を D 内の折れ線で結ぶことができるとき,D を連結集合(正確には,弧状連結集合)という.ここで,折れ線とは有限個の点を線分で結んだものをいう.連結である開集合を開領域または単に領域という.同様に,連結である閉集合を閉領域という.

平面上の点集合と同様に,n 次元空間 $\mathbf{R}^n$ 上の点集合に対しても,開集合,閉集合,有界集合,有界閉集合,(開)領域,閉領域が定義される.

A.3　ランダウの記号

点 a の近くで定義された2つの関数 $f(x), g(x)$ に対して

$$|f(x)| \leq C|g(x)| \quad (C はある正の定数) \tag{A.3.1}$$

が成り立つとき,

$$f(x) = O(g(x)) \quad (x \to a)$$

と書き,a の近くで $f(x)$ は $g(x)$ で押さえられるという[1].O はランダウの記号とよばれる.とくに,(A.3.1) がすべての x で成り立つときは,単に $f(x) = O(g(x))$ と書くこともある.例えば,$|\cos x|, |\sin x| \leq 1$ であるから,

$$\cos x = O(1), \quad \sin x = O(1)$$

である.また,

$$f(x) = g(x) + O(h(x)) \quad (x \to a)$$

は $f(x) - g(x) = O(h(x))\ (x \to a)$ を意味する.例えば

$$4x^2 = 2x^2 + O(x^2) \quad (x \to 0)$$

---

[1] $x \to a$ を省略して,a のまわりで $f(x) = O(g(x))$ が成り立つということもある.

である．つまり，O は定数倍の違いを無視して考えるということを意味する．

ランダウの記号を用いると，関数 $f(x)$ の $x = a$ のまわりのテイラー展開の公式は次のように書くことができる．

$$f(x) = \sum_{k=0}^{n-1} \frac{f^{(k)}(a)}{k!}(x-a)^k + O((x-a)^n) \quad (x \to a)$$

例えば，指数関数 e^x は $x = 0$ のまわりで

$$e^x = 1 + x + \frac{1}{2}x^2 + O(x^3)$$

のように表される．

A.4 オイラーの公式

指数関数 $f(x) = e^x$ を $x = 0$ のまわりでテイラー展開すると，

$$e^x = 1 + x + \frac{1}{2!}x^2 + \frac{1}{3!}x^3 + \cdots$$

となることがわかる．上式に $x = i\theta$ を代入すると，$i^2 = -1$ より

$$e^{i\theta} = 1 + i\theta - \frac{1}{2!}\theta^2 - i\frac{1}{3!}\theta^3 + \cdots = \left(1 - \frac{1}{2!}\theta^2 + \cdots\right) + i\left(\theta - \frac{1}{3!}\theta^3 + \cdots\right)$$

一方，3角関数 $f(\theta) = \cos\theta$ と $f(\theta) = \sin\theta$ をそれぞれ $\theta = 0$ のまわりでテイラー展開すると

$$\cos\theta = 1 - \frac{1}{2!}\theta^2 + \cdots, \qquad \sin\theta = \theta - \frac{1}{3!}\theta^3 + \cdots$$

となることがわかる．よって，オイラーの公式

$$e^{i\theta} = \cos\theta + i\sin\theta$$

を得る．また，$e^{-i\theta} = \cos\theta - i\sin\theta$ に注意すると

$$\cos\theta = \frac{e^{i\theta} + e^{-i\theta}}{2}, \qquad \sin\theta = \frac{e^{i\theta} - e^{-i\theta}}{2i}$$

を得る．このように，3 角関数は複素数の指数関数を用いて表すことができる．
複素数の指数関数に対しても，実数の場合と同様に，指数法則や微分積分法の
計算規則がそのまま適用できる．

d を正の定数とする．複素数の指数関数を用いて，拡散方程式

$$u_t = d u_{xx} \tag{A.4.1}$$

をみたす関数 $u(x,t)$ を求めてみよう．

$$u = e^{\lambda t + ikx}, \qquad \lambda \in \mathbf{C}, \quad k \in \mathbf{R} \tag{A.4.2}$$

とおいて (A.4.2) を (A.4.1) へ代入すると

$$u_t = \lambda e^{\lambda t + ikx}, \qquad u_{xx} = -k^2 e^{\lambda t + ikx}$$

であるから，$\lambda = -dk^2 \in \mathbf{R}$ のとき，(A.4.2) は (A.4.1) をみたす．

(A.4.1) は線形の微分方程式である．すなわち，u_1, u_2 が (A.4.1) をみたすとき，$c_1 u_1 + c_2 u_2$ も (A.4.1) をみたす．$\lambda \in \mathbf{R}$ であることに注意して

$$\overline{u} = e^{\lambda t - ikx}$$

とおくと

$$u + \overline{u} = e^{\lambda t + ikx} + e^{\lambda t - ikx} = e^{\lambda t}(e^{ikx} + e^{-ikx}) = 2e^{\lambda t} \cos kx$$

も (A.4.1) をみたす．よって，

$$u = a_k e^{-dk^2 t} \cos kx, \qquad a_k \in \mathbf{R}$$

は (A.4.1) をみたす．また，

$$u = b_k e^{-dk^2 t} \sin kx, \qquad b_k \in \mathbf{R}$$

も (A.4.1) をみたすことがわかる．一般には，これらの線形結合

$$u = \sum_k e^{-dk^2 t}(a_k \cos kx + b_k \sin kx)$$

も (A.4.1) をみたす．このように，複素数の指数関数を用いて定数係数の線形
微分方程式をみたす関数の形（解の候補）を探すことができる．

A.5 陰関数定理

2つの変数 x, y の間に,ある関係式 $f(x, y) = 0$ が成り立つとする.x の値を与えれば,この関係式を y の方程式と見て,y について解くことにより y の値がいくつか定まる.よって,y を x の関数と見ることができる.これを関係式 $f(x, y) = 0$ の定める陰関数という.一般に,陰関数は(y の値が複数個になる)多価関数であるが,ある条件下では局所的に(y の値がただ1つに定まる)一価関数となる.

定理 A.5.1 $f(x, y)$ は連続な偏導関数をもつとする.

$$f(a, b) = 0 \quad \text{かつ} \quad f_y(a, b) \neq 0$$

ならば,点 (a, b) のまわりで $f = 0$ は y について一意的に解ける.すなわち,a を含む適当な開区間 I をとれば,I 上で定義された関数 $y = \varphi(x)$ で

$$f(x, \varphi(x)) = 0, \quad \varphi(a) = b$$

をみたすものがただ1つ存在する.また,$\varphi(x)$ は I 上で連続な導関数をもつ.

陰関数定理を厳密に証明することは難しい.ここでは,定理 A.5.1 が成り立つ理由を簡単に説明する.

$f(x, y)$ を (a, b) のまわりでテイラー展開すると,

$$f(x, y) = f(a, b) + f_x(a, b)(x - a) + f_y(a, b)(y - b) + (\text{2 次以上の項})$$

$f(a, b) = 0$ であり,2次以上の項は (x, y) が (a, b) に近いときはわずかな誤差であると考えて,$f(x, y) = 0$ より

$$f_x(a, b)(x - a) + f_y(a, b)(y - b) + (\text{誤差}) = 0$$

よって,$f_y(a, b) \neq 0$ ならば(誤差部分を無視して)

$$y = \varphi(x) \fallingdotseq -\frac{f_x(a, b)}{f_y(a, b)}(x - a) + b$$

を得る.また,$(x, y) = (a, b)$ のとき,誤差は完全に0になるから,$\varphi(a) = b$ が成り立つ.

上の議論を見ればわかるように，陰関数定理の本質は，2 変数関数がテイラー展開の公式によって 1 次式で近似されることにある．すなわち，方程式 $f(x,y) = 0$ を点 (a,b) のまわりで 1 次方程式

$$f_x(a,b)(x-a) + f_y(a,b)(y-b) = 0$$

で近似して，これを y について解いているのである．本書では，定理 A.5.1 を拡張した次の定理を用いた．

定理 A.5.2 $\mathbf{f}(\mathbf{x}, \mathbf{y})$ ($\mathbf{x} \in \mathbf{R}^m$, $\mathbf{y} \in \mathbf{R}^n$, $\mathbf{f} \in \mathbf{R}^n$) は連続な偏導関数をもつとする．

$$\mathbf{f}(\mathbf{a}, \mathbf{b}) = \mathbf{0} \quad \text{かつ} \quad \det(D_\mathbf{y}\mathbf{f}(\mathbf{a}, \mathbf{b})) = \det\left(\frac{\partial \mathbf{f}}{\partial \mathbf{y}}(\mathbf{a}, \mathbf{b})\right) \neq 0$$

ならば，点 $(\mathbf{a}, \mathbf{b})$ のまわりで $\mathbf{f} = \mathbf{0}$ は $\mathbf{y}$ について一意的に解ける．すなわち，点 $\mathbf{a}$ を含む適当な近傍 U をとれば，U 上で定義された関数 $\mathbf{y} = \boldsymbol{\varphi}(\mathbf{x})$ であって

$$\boldsymbol{f}(\mathbf{x}, \boldsymbol{\varphi}(\mathbf{x})) = \mathbf{0}, \qquad \boldsymbol{\varphi}(\mathbf{a}) = \mathbf{b}$$

をみたすものがただ 1 つ存在する．また，$\boldsymbol{\varphi}(\mathbf{x})$ は U 上で連続な偏導関数をもつ．

注意 A.5.3 上の定理において，条件 $\det(D_\mathbf{y}\mathbf{f}(\mathbf{a},\mathbf{b})) \neq 0$ は $D_\mathbf{y}\mathbf{f}(\mathbf{a},\mathbf{b})$ が 0 固有値をもたないと言い換えてもよい．

付録 B
常微分方程式論と関数解析に関する事項

B.1 微分方程式の解の一意存在定理

微分方程式に初期条件を与えたとき，その条件をみたす解が存在するのか，また存在するとすればただ 1 つなのかという問題（初期値問題）については，一般的な結果が知られている．

n 次元空間 $\mathbf{R}^n$ 内の領域 D で定義されたベクトル値関数 $\mathbf{f}: D \to \mathbf{R}^n$ は，次の条件をみたすとき，D 上でリプシッツ連続であるという．

[リプシッツ条件] ある定数 $L > 0$ が存在して，$\|\mathbf{f}(\mathbf{x}) - \mathbf{f}(\mathbf{y})\| \leq L\|\mathbf{x} - \mathbf{y}\|$ が任意の $\mathbf{x}, \mathbf{y} \in D$ に対して成り立つ．

簡単のため，$n = 1$ のときを考えてみよう．このとき，ベクトル値関数 $\mathbf{f}$ は単に実数値関数 f となる．f が滑らかな場合，平均値の定理より

$$|f(x) - f(y)| = |f'(c)||x - y| \quad (c \text{ は } x \text{ と } y \text{ の間の実数})$$

であるから，上の条件が成り立つためには，$|f'(x)| \leq L$ が任意の $x \in D$ について成立すればよい．すなわち，f の 1 階導関数が D 上で有界であれば十分である．このことは，f が D 上で急激に変化する関数ではないことを意味している．同様に，$n \geq 2$ のときも $|\partial f_i / \partial x_j(\mathbf{x})| \leq L \ (1 \leq i, j \leq n)$ が任意の $\mathbf{x} \in D$ について成立すれば，ベクトル値関数 $\mathbf{f}$ は D 上でリプシッツ連続である．

次の定理は，微分方程式の解の一意存在定理とよばれ，$\mathbf{f}: D \to \mathbf{R}^n$ が D 上

でリプシッツ連続であるとき，微分方程式 $\dot{\mathbf{x}} = \mathbf{f}(\mathbf{x})$ の解であって，初期条件 $\mathbf{x}(t_0) = \mathbf{x}_0 \in D$, $t_0 \in \mathbf{R}$ をみたすものがただ1つ存在することを示す．

定理 B.1.1
$\mathbf{f} : D \to \mathbf{R}^n$ が D 上でリプシッツ連続であるとする．任意の $\mathbf{x}_0 \in D$, $t_0 \in \mathbf{R}$ に対し，ある正の数 δ があって，区間 $I = [t_0 - \delta, t_0 + \delta]$ 上で定義された関数 $\phi : I \to D$ で $\dot{\phi} = \mathbf{f}(\phi)$, $\phi(t_0) = \mathbf{x}_0$ をみたすものがただ1つ存在する．

定理 B.1.1 において，δ が有限であることに注意しよう．すなわち，微分方程式の解は初期時刻 t_0 のまわりでしか存在しない．この意味で，定理 B.1.1 における解は時間局所解とよばれる．$\delta = +\infty$ のとき，解は時間大域解とよばれる．定理 B.1.1 の証明については，[7, 2.2 節] [1, 付録 A.1] を参照してほしい．

定理 B.1.1 は，微分方程式の解を具体的な計算で求めるときには必要とされないが，解の定性的な性質を調べるときには基本的な役割を演じる．例えば，定理 B.1.1 により，異なる 2 つの解軌道は交わらないことがわかる．もし，2 つの解軌道が交わったとすれば，その交点を初期条件とする微分方程式の解が 2 つ存在することになるからである．

B.2　ポアンカレ・ベンディクソンの定理

何らかの特別な仮定がない限り，微分方程式の周期解が存在することを数学的に厳密に証明することは難しく，n 次元常微分方程式の周期解の存在に関する一般的な定理はほとんどないように思われる．しかしながら，2 次元常微分方程式については，次のような定理がある．

定理 B.2.1
D を $\mathbf{R}^2$ 上の領域とし，$\mathbf{f} : D \to \mathbf{R}^2$ が D 上でリプシッツ連続であるとする．D に含まれる適当な有界閉集合 K に対し，微分方程式

$$\dot{\mathbf{x}} = \mathbf{f}(\mathbf{x}) \tag{B.2.1}$$

の解は，初期値が K に含まれていれば，すべての $t \geq 0$ に対して定義され，かつ K に含まれるとする．このとき，K が (B.2.1) の平衡点を含まないなら

ば，(B.2.1) は K に含まれる周期軌道をもつ．

定理 B.2.1 は，ポアンカレ・ベンディクソン (Poincaré-Bendixson) の定理とよばれるものの一部である．大まかにいうと，ポアンカレ・ベンディクソンの定理によれば，周期解の存在だけでなく，K 上の初期値から出発する解が K に含まれていれば，その解は K に含まれる周期軌道に一致もしくは限りなく近づくことも示される．このことは，2次元常微分方程式がカオス的なアトラクタをもたないことを示唆している．ポアンカレ・ベンディクソンの定理の証明については，[7, 4.4節] を参照してほしい．

B.3 関数空間

B.3.1 ノルム空間

高等学校では，向きと大きさをもつものをベクトルと定義し，物体に働く力，空間内を運動する質点の位置や速度などをベクトルと考えた．ここでは，**ベクトルを和とスカラー倍という演算が定義される**ものと考えて，より多くの対象をベクトルとみなす．例えば，n 個の実数の組

$$\mathbf{x} = (x_1, x_2, \cdots, x_n)$$

はベクトルである．実際，$\mathbf{x} = (x_1, x_2, \cdots, x_n)$，$\mathbf{y} = (y_1, y_2, \cdots, y_n)$，および $c \in \mathbf{R}$ に対して，

$$\mathbf{x} + \mathbf{y} = (x_1 + y_1, x_2 + y_2, \cdots, x_n + y_n), \quad c\mathbf{x} = (cx_1, cx_2, \cdots, cx_n)$$

が定義され，和とスカラー倍に関する通常の演算が実行できる．それゆえ，n 個の実数の組を n 次元数ベクトルという．また，それらの全体からなる集合を n 次元数ベクトル空間といい，$\mathbf{R}^n$ で表す．一般に，ベクトル全体からなる集合をベクトル空間という．

同様に，閉区間 $[a,b]$ 上で定義された実数値連続関数の全体 $C[a,b]$ はベクトル空間をなす．実際，$f, g \in C[a,b]$ および $c \in \mathbf{R}$ とするとき

$$(f+g)(x) = f(x) + g(x), \quad (cf)(x) = cf(x)$$

と定義すれば，$f+g \in C[a,b]$ および $cf \in C[a,b]$ であり，連続関数の和とスカラー倍という演算が可能になる．一般に，関数全体のつくるベクトル空間を関数空間という．

一般に，ベクトルの大きさは絶対値記号 $|\cdot|$ でなく，$||\cdot||$ を用いて表す（絶対値記号は実数もしくは複素数の大きさを表すときに用いる）．$||\cdot||$ はノルムとよばれ，次の性質をみたす．

1. $||\mathbf{x}|| \geq 0$ ただし，等号成立は $\mathbf{x} = \mathbf{0}$ のときに限る．
2. $||c\mathbf{x}|| = |c|\,||\mathbf{x}||$
3. $||\mathbf{x}+\mathbf{y}|| \leq ||\mathbf{x}|| + ||\mathbf{y}||$

ノルムが定義されたベクトル空間をノルム空間という．

大きさの測り方がいろいろあるように，ノルムの選び方もいろいろある．例えば，数ベクトル空間 $\mathbf{R}^n$ 上のノルムとしては，

$$||\mathbf{x}||_1 = \sum_{j=1}^{n} |x_j|, \quad ||\mathbf{x}||_2 = \sqrt{\sum_{j=1}^{n} |x_j|^2}, \quad ||\mathbf{x}||_\infty = \max_{1 \leq j \leq n} |x_j|$$

の3通りのものがよく利用される．$\mathbf{R}^n$ の場合は，上のどのノルムを用いてもよいことが示されている（ノルムの同値性）．すなわち，

$$||\mathbf{x}||_\infty \leq ||\mathbf{x}||_2 \leq ||\mathbf{x}||_1 \leq n||\mathbf{x}||_\infty$$

が成り立つ．

関数空間の場合もノルムの選び方はいろいろある．例えば，実数値連続関数の全体 $C[a,b]$ 上のノルムを

$$||f||_\infty = \max_{a \leq x \leq b} |f(x)|$$

で定めることができる．数ベクトル空間 $\mathbf{R}^n$ の場合とは違い，一般に関数空間の場合は，ノルムの同値性が成り立たない．したがって，用いるノルムが異なる関数空間は，異なる記号を用いて表す．

$\mathbf{R}^n$ の場合と同様に，ノルム空間上の点 $\mathbf{p}$ に対して，点 $\mathbf{p}$ の ε 近傍を

$$U(\mathbf{p}, \varepsilon) = \{\,\mathbf{x} \mid ||\mathbf{x}-\mathbf{p}|| < \varepsilon\,\}$$

によって定義できる．したがって，ノルム空間においても，付録 A.2 と同様の議論によって開集合と閉集合が定義できる．また，有界集合も定義できる．

B.3.2 内積空間

ベクトルの大きさとなす角は，内積を用いて測ることができる．例えば，$\mathbf{R}^3$ 上のベクトル $\mathbf{a} = (a_1, a_2, a_3)$, $\mathbf{b} = (b_1, b_2, b_3)$ に対して，$\mathbf{a}$ と $\mathbf{b}$ の内積を

$$\langle \mathbf{a}, \mathbf{b} \rangle = a_1 b_1 + a_2 b_2 + a_3 b_3 = \sum_{j=1}^{3} a_j b_j$$

と定義すれば，$\mathbf{a}$ の大きさは

$$|\mathbf{a}| = \sqrt{\langle \mathbf{a}, \mathbf{a} \rangle}$$

であり，$\mathbf{a}$ と $\mathbf{b}$ のなす角 θ は

$$\cos \theta = \frac{\langle \mathbf{a}, \mathbf{b} \rangle}{|\mathbf{a}||\mathbf{b}|}$$

で与えられる．とくに，

$$\mathbf{a} \text{ と } \mathbf{b} \text{ は直交} \iff \langle \mathbf{a}, \mathbf{b} \rangle = 0$$

が成り立つことに注意しよう．

閉区間 $[a, b]$ 上で定義された2乗可積分[1]な関数全体

$$L^2(a, b) = \left\{ f \ \middle| \ \int_a^b |f|^2 \, dx < +\infty \right\}$$

はベクトル空間である．また，$f, g \in L^2(a, b)$ のとき

$$\left| \int_a^b fg \, dx \right| \leq \int_a^b |fg| \, dx \leq \frac{1}{2} \left(\int_a^b |f|^2 \, dx + \int_a^b |g|^2 \, dx \right) < +\infty$$

であるから

$$\langle f, g \rangle = \int_a^b f(x) g(x) \, dx \tag{B.3.1}$$

---

[1] 正確には，ルベーグの意味の積分である．

によって内積が定義される．このとき，関数 f の大きさは

$$\|f\| = \sqrt{\langle f, f \rangle} = \sqrt{\int_a^b f^2(x)dx}$$

で定義される．ここで，$\|\cdot\|$ は関数の大きさを表すノルムである．また，

$$\langle f, g \rangle = \int_a^b f(x)g(x)dx = 0$$

のとき，2 つの関数 f と g は直交するという．

一般に，内積が定義されたベクトル空間を内積空間という．内積空間においては，ベクトルの大きさとなす角を測ることができる．したがって，内積空間はノルム空間である．

B.3.3 線形作用素

X, Y をノルム空間とし，E を X の部分空間とする．E 上で定義された写像 $A : E \to Y$ が

$$A(\mathbf{x} + \mathbf{y}) = A\mathbf{x} + A\mathbf{y}, \quad A(c\mathbf{x}) = c(A\mathbf{x}), \quad (\mathbf{x}, \mathbf{y} \in E)$$

をみたすとき，A を X から Y への線形作用素という．また，E を A の定義域といい $D(A)$ で表す．

線形作用素は行列の概念を拡張したものである．ただし，（有限次元の）線形代数の場合と違って，ノルム空間上の線形作用素を考えるときは，その定義域を指定する必要がある．例えば，$X = Y = L^2(a, b)$ として，X から Y への線形作用素 A を

$$Af = c_0 f + c_1 f' + c_2 f'' \quad (c_0, c_1, c_2 は定数)$$

によって定義しようとしても，（通常の意味で導関数を定義する限り）f が 2 回微分可能でなければ定義ができない．また，$Af \in Y$ であることも要求される．そこで，例えば，A の定義域を

$$D(A) = C^2[a,b] := \{\, f \mid f は [a,b] 上で 2 回微分可能で，f'' は [a,b] 上で連続 \,\}$$

と定めれば，A を X から Y への線形作用素と考えることができる．

参考 B.3.1 上で述べた線形作用素 A の定義域としては，$C^2[a,b]$ でなく，$H^2(a,b)$ が用いられることが多い．ここで，$H^2(a,b)$ は $C^2[a,b]$ をノルム

$$\|f\| = \sqrt{\int_a^b |f|^2 \, dx + \int_a^b |f'|^2 \, dx + \int_a^b |f''|^2 \, dx}$$

に関して完備化[2])した空間である．その場合，Af に現れる導関数 f', f'' は L^2-導関数として定義されている [11, 第 6 章]．

B.3.4 共役作用素

例えば，2次正方行列 A とその転置行列 A^T が

$$A = \begin{pmatrix} a & b \\ c & d \end{pmatrix}, \qquad A^T = \begin{pmatrix} a & c \\ b & d \end{pmatrix}$$

であるとき，

$$\langle A\mathbf{x}, \mathbf{y} \rangle = \langle \mathbf{x}, A^T\mathbf{y} \rangle \quad \text{for } \forall \mathbf{x}, \forall \mathbf{y}$$

が成り立つ．同様に，内積の定義された関数空間上の線形作用素 A に対して

$$\langle Af, g \rangle = \langle f, A^T g \rangle \quad \text{for } \forall f \in D(A), \forall g \in D(A^T)$$

をみたす線形作用素 A^T を A の共役作用素という．例えば，内積 (B.3.1) の定義された関数空間 $L^2(a,b)$ 上の微分作用素 $A : L^2(a,b) \to L^2(a,b)$ が

$$Af = c_0 f + c_1 f' + c_2 f'', \qquad D(A) = S$$

で定義されているとする．ここで，

$$S = \{\, f \in C^2[a,b] \mid f(a) = f(b), f'(a) = f'(b) \,\}$$

である．このとき，A の共役作用素 $A^T : L^2(a,b) \to L^2(a,b)$ は

$$A^T f = c_0 f - c_1 f' + c_2 f'', \qquad D(A^T) = S$$

---

[2]) コーシー列が収束するように空間を拡張すること．例えば，有理数全体 **Q** を完備化すると実数全体 **R** になる．

で与えられる．実際，$f(a) = f(b)$, $f'(a) = f'(b)$, $g(a) = g(b)$, $g'(a) = g'(b)$ に注意して，部分積分法の公式を用いると

$$\begin{aligned}
\langle Af, g \rangle &= \int_a^b (c_0 f + c_1 f' + c_2 f'') g \, dx \\
&= c_0 \int_a^b fg \, dx + c_1 \left\{ \left[fg \right]_a^b - \int_a^b fg' \, dx \right\} + c_2 \left\{ \left[f'g \right]_a^b - \int_a^b f'g' \, dx \right\} \\
&= c_0 \int_a^b fg \, dx - c_1 \int_a^b fg' \, dx - c_2 \left\{ \left[fg' \right]_a^b - \int_a^b fg'' \, dx \right\} \\
&= \int_a^b f(c_0 g - c_1 g' + c_2 g'') \, dx = \langle f, A^T g \rangle
\end{aligned}$$

が成り立つ．

注意 B.3.2 S は A が共役作用素をもつように設定された定義域の一例である．S ではなく

$$S_1 = \{ \, f \in C^2[a,b] \mid f(a) = f(b),\ f'(a) = f'(b),\ f''(a) = f''(b) \, \}$$

を用いても，A の共役作用素は定義できる．また，$c_1 = 0$ のときは，A の定義域として，例えば

$$S_2 = \{ \, f \in C^2[a,b] \mid f(a) = f(b) = 0 \, \}$$

もしくは

$$S_3 = \{ \, f \in C^2[a,b] \mid f'(a) = f'(b) = 0 \, \}$$

を用いることもできる．これらの例からわかるように，共役作用素が定義できるかどうかは，関数に課されている境界条件にも依存している．

B.3.5　方程式 $A\mathbf{x} = \mathbf{b}$ の可解性

ここでは，$A\mathbf{x} = \mathbf{b}$ の形で表される方程式が解けるための条件を考える．簡単のため，A が 3 次正方行列の場合で説明する．連立 1 次方程式 $A\mathbf{x} = \mathbf{b}$ を

$$x_1 \mathbf{a}_1 + x_2 \mathbf{a}_2 + x_3 \mathbf{a}_3 = \mathbf{b}, \qquad A = (\mathbf{a}_1 \ \mathbf{a}_2 \ \mathbf{a}_3) \tag{B.3.2}$$

と書き直せば，$A\mathbf{x} = \mathbf{b}$ をみたす $\mathbf{x}$ が存在するための必要十分条件は

$$\mathbf{b} \in \mathrm{span}\{\mathbf{a}_1, \mathbf{a}_2, \mathbf{a}_3\}$$

である．$\det A \neq 0$ のときは $\mathrm{span}\{\mathbf{a}_1, \mathbf{a}_2, \mathbf{a}_3\} = \mathbf{R}^3$ となり，$A\mathbf{x} = \mathbf{b}$ は解をもつ．一方，$\det A = 0$ のときはいくつかのケースが考えられるが，例えば $\mathrm{span}\{\mathbf{a}_1, \mathbf{a}_2, \mathbf{a}_3\} = S$ が $\mathbf{R}^3$ 内の原点を通る平面であるとしよう．このとき，$\boldsymbol{\psi}^*$ を平面 S の法線ベクトルとすると，

$$\langle \boldsymbol{\psi}^*, \mathbf{b} \rangle = 0 \tag{B.3.3}$$

ならば $A\mathbf{x} = \mathbf{b}$ は解をもつ．実際，図 B.1 からわかるように，(B.3.3) が成り立てば $\mathbf{b}$ は平面 S 上のベクトルであり，$\mathbf{b}$ を (B.3.2) の形で表すことができる．

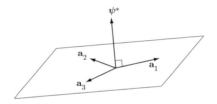

図 B.1 平面 $S = \mathrm{span}\{\mathbf{a}_1, \mathbf{a}_2, \mathbf{a}_3\}$ とベクトル $\boldsymbol{\psi}^*$

$\boldsymbol{\psi}^*$ は平面 $S = \mathrm{span}\{\mathbf{a}_1, \mathbf{a}_2, \mathbf{a}_3\}$ の法線ベクトルであるから，

$$\langle \boldsymbol{\psi}^*, \mathbf{a}_j \rangle = 0, \quad (j = 1, 2, 3) \tag{B.3.4}$$

をみたす．成分を用いて (B.3.4) を具体的に書いてみよう．

$$\mathbf{a}_1 = \begin{pmatrix} a_{11} \\ a_{21} \\ a_{31} \end{pmatrix}, \quad \mathbf{a}_2 = \begin{pmatrix} a_{12} \\ a_{22} \\ a_{32} \end{pmatrix}, \quad \mathbf{a}_3 = \begin{pmatrix} a_{13} \\ a_{23} \\ a_{33} \end{pmatrix}, \quad \boldsymbol{\psi}^* = \begin{pmatrix} y_1 \\ y_2 \\ y_3 \end{pmatrix}$$

とおく．このとき，(B.3.4) は

$$\begin{cases} a_{11}y_1 + a_{21}y_2 + a_{31}y_3 = 0 \\ a_{12}y_1 + a_{22}y_2 + a_{32}y_3 = 0 \\ a_{13}y_1 + a_{23}y_2 + a_{33}y_3 = 0 \end{cases}$$

すなわち，

$$A^T \boldsymbol{\psi}^* = \mathbf{0}, \quad A = \begin{pmatrix} a_{11} & a_{12} & a_{13} \\ a_{21} & a_{22} & a_{23} \\ a_{31} & a_{32} & a_{33} \end{pmatrix}$$

と書ける．以上の考察から，次の定理が成り立つことがわかるだろう．

定理 B.3.3 $\dim \operatorname{Ker}(A) = k > 0$ とする[3]．連立1次方程式 $A\mathbf{x} = \mathbf{b}$ が解をもつための必要十分条件は

$$\langle \boldsymbol{\psi}_j^*, \mathbf{b} \rangle = 0 \qquad (1 \leq j \leq k)$$

が成り立つことである．ただし，$\boldsymbol{\psi}_j^*$ は行列 A の転置行列 A^T によって定義される連立1次方程式 $A^T \mathbf{x} = \mathbf{0}$ の線形独立な解であり，次をみたす．

$$A^T \boldsymbol{\psi}_j^* = \mathbf{0} \qquad (1 \leq j \leq k).$$

この定理は，連立1次方程式だけでなく，線形微分方程式（A が微分作用素）の場合にも拡張されて利用されている．

B.4　リアプノフ・シュミット分解

B.4.1　分岐方程式

パラメータ付きの方程式 $f(x, \lambda) = 0$ $(x \in \mathbf{R}^n, f \in \mathbf{R}^n)$ を考えよう[4]．(x_0, λ_0) において $f(x_0, \lambda_0) = 0$ が成り立つとする．陰関数定理（付録 A.5）によれば，$A := D_x f(x_0, \lambda_0)$ が0固有値をもたない（A が逆行列をもつ）とき，(x_0, λ_0) のまわりで $f(x, \lambda) = 0$ は x について一意的に解ける．すなわち，$f(x(\lambda), \lambda) = 0$, $x_0 = x(\lambda_0)$ をみたす $x = x(\lambda)$ がただ1つ存在する．一方，A が0固有値をもつときは，次のように考えて $f(x, \lambda) = 0$ を (x_0, λ_0) のまわりで解けばよい．

---

[3] 0固有値分岐点では，この仮定がみたされる．
[4] この節では，一部を除いて，ベクトルも通常のローマン字体で表す．

A の 0 固有空間への射影を P，Range(A) への射影を Q とし，$f(x,\lambda)=0$ を次の 2 つの方程式

$$f_1(x_1,x_2,\lambda) := (I-Q)f(x_1+x_2,\lambda) = 0,$$
$$f_2(x_1,x_2,\lambda) := Qf(x_1+x_2,\lambda) = 0$$

に分解する．ここで，$x_1 = Px$, $x_2 = (I-P)x$ とする．f_2 および x_2 は A の 0 固有空間から外れた成分と考えることができて，$D_{x_2}f_2(x_{10},x_{20},\lambda_0)$, $(x_{10}=Px_0, x_{20}=(I-P)x_0)$ は 0 固有値をもたないことがわかる．よって，陰関数定理により $f_2(x_1,x_2,\lambda)=0$ は x_2 について一意的に解けて $x_2 = x_2(x_1,\lambda)$ を得る．これを $f_1(x_1,x_2,\lambda)=0$ へ代入すると，

$$g(x_1,\lambda) := f_1(x_1, x_2(x_1,\lambda),\lambda) = 0$$

を得る．$g=0$ は分岐方程式とよばれ，これが解くべき方程式である．

上で述べた方法は，リアプノフ・シュミット (Lyapunov-Schmidt) 分解とよばれている．ここでは，この方法を次のような形で用いる．より一般的な定式化については，[8] を参照してほしい．

|| リアプノフ・シュミット分解 ||　ヒルベルト空間[5] 上で定義され，パラメータ λ を含む方程式 $f(x,\lambda)=0$ を考える．$\lambda=\lambda_0$ のとき，$f(x,\lambda)=0$ は解 $x=x_0$ をもつ，すなわち，$f(x_0,\lambda_0)=0$ であると仮定する．さらに，x_0 のまわりの線形化作用素

$$A = D_x f(x_0,\lambda_0)$$

について，

$$\mathrm{Ker}(A) = \mathrm{span}\{\psi\}, \quad \mathrm{Ker}(A^T) = \mathrm{span}\{\psi^*\}$$

であるとする．

$$x = a\psi + v, \quad \langle \psi, v \rangle = 0$$

---

[5] 内積が定義されたベクトル空間であり，その内積にもとづくノルム（距離）に関して完備な空間である．

とおく．Range(A) への射影作用素を Q とするとき，方程式 $f = 0$ を次のように分解することができる．

$$\langle \psi^*, f \rangle = 0, \quad Qf = 0$$

このとき，$x = a\psi + v$ を $Qf = 0$ に代入して v について解くと，$v = v(a, \lambda)$ を得る．これを $\langle \psi^*, f \rangle = 0$ へ代入すれば $a = a(\lambda)$ が求められる．

B.4.2 定理 3.9.4 の証明の概略

リアプノフ・シュミット分解を用いて，$d_2 > d_2^c$ のとき

$$\begin{cases} d_1 u_{xx} + \alpha(u - u^3) - \beta v = 0 \\ d_2 v_{xx} + \beta u - \gamma v = 0 \end{cases} \tag{B.4.1}$$

の解で

$$\phi(x; k, d_2) = a e^{ikx} \Psi_k + c.c. + O(a^3), \qquad \Psi_k = \begin{pmatrix} p_k \\ q_k \end{pmatrix}$$

の形のものを求めよう．ここで，c.c. は $ae^{ikx}\Psi_k$ の複素共役を表す．

(B.4.1) に対して変数変換 $y = kx$ を行うと，

$$\begin{cases} 0 = k^2 d_1 u_{yy} + \alpha(u - u^3) - \beta v \\ 0 = k^2 d_2 v_{yy} + \beta u - \gamma v \end{cases}$$

となる．

$$f((u, v), d_2) = \begin{pmatrix} k^2 d_1 u_{yy} + \alpha u - \alpha u^3 - \beta v \\ k^2 d_2 v_{yy} + \beta u - \gamma v \end{pmatrix} \tag{B.4.2}$$

とおく．以下では，k を固定し，$d_2 = \hat{d}_2 := \hat{d}_2(k^2)$ のとき $(u, v) = (0, 0)$ が $f((u, v), d_2) = 0$ の解であることに注意して，$(0, 0)$ のまわりでリアプノフ・シュミット分解を適用する．ただし，u, v は周期 2π の周期関数で，$u(-y) = u(y)$，$v(-y) = v(y)$ をみたし，$(u, v) \in L^2(-\pi, \pi) \times L^2(-\pi, \pi)$ とする．

$d_2 = \hat{d}_2$ のとき, (B.4.2) の $(0,0)$ のまわりの線形化作用素は

$$A \begin{pmatrix} u \\ v \end{pmatrix} = Df((0,0), \hat{d}_2) = \begin{pmatrix} k^2 d_1 u_{yy} + \alpha u - \beta v \\ k^2 \hat{d}_2 v_{yy} + \beta u - \gamma v \end{pmatrix}$$

であり,その共役作用素は

$$A^T \begin{pmatrix} u \\ v \end{pmatrix} = \begin{pmatrix} k^2 d_1 u_{yy} + \alpha u + \beta v \\ k^2 \hat{d}_2 v_{yy} - \beta u - \gamma v \end{pmatrix}$$

である.また,$\mathrm{Ker}(A) = \mathrm{span}\{\psi\}$, $\mathrm{Ker}(A^T) = \mathrm{span}\{\psi^*\}$ である.ここで,

$$\psi = \cos y \begin{pmatrix} p \\ q \end{pmatrix}, \quad \psi^* = \cos y \begin{pmatrix} -p \\ q \end{pmatrix}$$

であり,p, q は

$$\begin{pmatrix} -k^2 d_1 + \alpha & -\beta \\ \beta & -k^2 \hat{d}_2 - \gamma \end{pmatrix} \begin{pmatrix} p \\ q \end{pmatrix} = \begin{pmatrix} 0 \\ 0 \end{pmatrix} \tag{B.4.3}$$

および $\beta^2 - (\alpha - k^2 d_1)(\gamma + k^2 \hat{d}_2) = 0$ より

$$p = \beta, \quad q = \alpha - k^2 d_1$$

で与えられる.

$$\begin{pmatrix} u \\ v \end{pmatrix} = a\psi + \begin{pmatrix} \tilde{u} \\ \tilde{v} \end{pmatrix}$$

とおく.ただし,$\tilde{u}, \tilde{v}$ は a に比べて十分小さい項である.この式を $f = 0$ に代入し $\cos^3 y = (3\cos y + \cos(3y))/4$ と (B.4.3) を用いて整理すると,次の式を得る.

$$A \begin{pmatrix} \tilde{u} \\ \tilde{v} \end{pmatrix} + \begin{pmatrix} -3\alpha a^2 p^2 (\cos^2 y)\tilde{u} \\ k^2(d_2 - \hat{d}_2)\tilde{v}_{yy} \end{pmatrix} = \cos y \begin{pmatrix} 3\alpha a^3 p^3/4 \\ k^2 d_2 aq - \beta ap + \gamma aq \end{pmatrix}$$

$$+ \cos(3y) \begin{pmatrix} \alpha a^3 p^3/4 \\ 0 \end{pmatrix} + h.o.t..$$

ただし，h.o.t. は $\tilde{u},\tilde{v}$ に関する高次の項である．a と $d_2 - \hat{d}_2$ は十分小さいと考えれば，上の方程式は

$$A \begin{pmatrix} \tilde{u} \\ \tilde{v} \end{pmatrix} = \cos y \begin{pmatrix} 3\alpha a^3 p^3/4 \\ k^2 d_2 aq - \beta ap + \gamma aq \end{pmatrix} + \cos(3y) \begin{pmatrix} \alpha a^3 p^3/4 \\ 0 \end{pmatrix}$$

で近似される．上式は，$A\mathbf{x} = \mathbf{b}$ の形をしており，これが解をもつための条件

$$\langle \psi^*, \mathbf{b} \rangle = 0, \quad A^T \psi^* = 0$$

より a の値を求めることができる．実際に計算を行うと，$\cos(3y)$ の項の影響はなく

$$-3\alpha a^2 p^4/4 + d_2 k^2 q^2 - \beta pq + \gamma q^2 = 0$$

となる．(B.4.3) より $-\hat{d}_2 k^2 q + \beta p - \gamma q = 0$ であるから

$$a = \frac{2q}{\sqrt{3\alpha} p^2} \sqrt{(d_2 - \hat{d}_2) k^2}$$

を得る．したがって，

$$\phi(x; k, d_2) = 2\sqrt{\frac{(d_2 - \hat{d}_2) k^2}{3\alpha}} \cos(kx) \begin{pmatrix} (\alpha - d_1 k^2)\beta^{-1} \\ (\alpha - d_1 k^2)^2 \beta^{-2} \end{pmatrix} + h.o.t.$$

を得る．ただし，h.o.t. は a に関する高次の項である．

注意 B.4.1 上の議論は，（数学的には）証明の概略である．厳密な証明（扱う方程式は異なる）については，[15] を参照せよ．

付録C
数値計算法に関する事項

C.1 疑似弧長法

パラメータ付きの微分方程式 $\dot{\mathbf{x}} = \mathbf{f}(\mathbf{x}, \lambda)$, $(\mathbf{x}, \lambda) \in \mathbf{R}^n \times \mathbf{R}$ の平衡点に関する分岐図は，方程式 $\mathbf{f}(\mathbf{x}, \lambda) = \mathbf{0}$ によって定義される $\mathbf{R}^n \times \mathbf{R}$ 上の曲線 $\Gamma = \{ (\mathbf{x}(s), \lambda(s)) \mid \mathbf{f}(\mathbf{x}(s), \lambda(s)) = \mathbf{0}, s \text{ は弧長パラメータ} \}$ を描くことによって作成される．ここでは，そのときの基本となる考え方を説明する．詳しくは，[16, 20] を参照してほしい．

曲線 Γ 上の 1 点 $(\mathbf{x}_0, \lambda_0) = (\mathbf{x}(s_0), \lambda(s_0))$ をとる．s は曲線 Γ の弧長パラメータであるから，$(\mathbf{x}'_0, \lambda'_0) = (\mathbf{x}'(s_0), \lambda'(s_0))$ （$'$ は s による微分を表す）は Γ 上の点 $(\mathbf{x}_0, \lambda_0)$ における単位接ベクトルである．よって，

$$N(\mathbf{x}, \lambda; \Delta s) := \langle \mathbf{x}'_0, \mathbf{x} - \mathbf{x}_0 \rangle + \lambda'_0 (\lambda - \lambda_0) - \Delta s = 0$$

は，図 C.1 のように $\mathbf{R}^n \times \mathbf{R}$ において，$(\mathbf{x}'_0, \lambda'_0)$ に直交し，点 $(\mathbf{x}_0, \lambda_0)$ との間の距離が Δs である平面を表す．Δs が十分小さく，点 $(\mathbf{x}_0, \lambda_0)$ 付近における曲線 Γ の曲率があまり大きくなければ，この平面は曲線 Γ と交わるだろう．その交点を $(\mathbf{x}_1, \lambda_1)$ とすると，2 点 $(\mathbf{x}_0, \lambda_0)$ と $(\mathbf{x}_1, \lambda_1)$ の間の曲線 Γ の長さは Δs にほぼ等しいと考えられる．$(\mathbf{x}_1, \lambda_1)$ は，$\mathbf{f}(\mathbf{x}, \lambda) = \mathbf{0}$ と $N(\mathbf{x}, \lambda; \Delta s) = 0$ をニュートン法によって同時に解くことによって与えられる．すなわち，

$$(\mathbf{x}_{(k+1)}, \lambda_{(k+1)}) = (\mathbf{x}_{(k)}, \lambda_{(k)}) + (\Delta \mathbf{x}_{(k)}, \Delta \lambda_{(k)}), \ (\mathbf{x}_{(0)}, \lambda_{(0)}) = (\mathbf{x}_0, \lambda_0)$$

$$\begin{pmatrix} D_\mathbf{x} \mathbf{f}(\mathbf{x}_{(k)}, \lambda_{(k)}) & D_\lambda \mathbf{f}(\mathbf{x}_{(k)}, \lambda_{(k)}) \\ \mathbf{x}'(s_0)^\mathrm{T} & \lambda'(s_0) \end{pmatrix} \begin{pmatrix} \Delta \mathbf{x}_{(k)} \\ \Delta \lambda_{(k)} \end{pmatrix} = - \begin{pmatrix} \mathbf{f}(\mathbf{x}_{(k)}, \lambda_{(k)}) \\ N(\mathbf{x}_{(k)}, \lambda_{(k)}; \Delta s) \end{pmatrix}$$

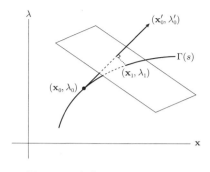

図 **C.1** 平面 $N(\mathbf{x}, \lambda; \Delta s) = 0$

によって定義される反復を実行すれば $(\mathbf{x}_1, \lambda_1)$ を求めることができる．これは，曲線 Γ が λ をパラメータとして $\Gamma = \{ \mathbf{x}(\lambda) \mid \mathbf{f}(\mathbf{x}(\lambda), \lambda) = \mathbf{0} \}$ のように表されていると考えて，$\mathbf{f}(\mathbf{x}, \lambda) = \mathbf{0}$ をニュートン法によって $\mathbf{x}$ について解く場合に比べると，曲線 Γ が折れ曲がり点 (fold point) を持つ場合であっても適用できるというメリットがある．このようにして，曲線 Γ を数値的に追跡する方法は疑似弧長 (pseudo-arclength) 法とよばれており，分岐解析ソフトウェア AUTO でも採用されている．

注意 C.1.1 $\mathbf{f}(\mathbf{x}, \lambda) = \mathbf{0}$ に対して，補助的に追加する方程式として様々なものが提案されている．例えば，$0 < \theta < 1$ をみたす θ を用いて

$$N(\mathbf{x}, \lambda; \Delta s) := \theta \langle \mathbf{x}'(s_0),\ \mathbf{x} - \mathbf{x}_0 \rangle + (1-\theta)\lambda'(s_0)(\lambda - \lambda_0) - \Delta s,$$

のように定義してもよい．詳しくは [20, Section 4.5] を参照せよ．

C.2 反応拡散方程式の数値解法

本節では，反応拡散方程式を数値的に解く方法の 1 つである差分法について説明する．また，プログラミング言語として C++（または C）を，得られた数値データをグラフの形に表すツールとして gnuplot[1] を用いる．

---

[1] Thomas Williams, Colin Kelley らによって開発されたコマンド入力形式のグラフ作成ツールである．ネットで検索すればインストール方法や使用法がわかるだろう．

C.2.1 差分法

最も簡単な拡散方程式の初期値境界値問題

$$\begin{cases} u_t(x,t) = Du_{xx}(x,t) \\ u(0,t) = u(L,t) = 0 \\ u(x,0) = u_0(x) \end{cases} \tag{C.2.1}$$

を考えよう．(C.2.1) の第 2 式 $u(0,t) = u(L,t) = 0$ で与えられる境界条件はディリクレ境界条件とよばれる．

(C.2.1) の解 $u(x,t)$ は，xt 平面上の長方形領域 $\Omega = \{\,(x,t) \mid 0 \leq x \leq L,\ 0 \leq t \leq T\,\}$ 上の実数値関数である．ここで，T は経過した時間である．本節では，コンピュータを利用して (C.2.1) を数値的に解く方法を述べ，求めた数値解をディスプレイ上に図示する方法を述べる．

コンピュータはデジタル（離散）データを扱っており，任意の $(x,t) \in \Omega$ に対する関数の値 $u(x,t)$ をディスプレイ上に表示することはできない．そこで，Ω を図 C.2 のように多数の微小な長方形に分割し，各格子点 (x_i, t_j) における関数 u の近似値を表示することを考える．

x 軸上の区間 $[0, L]$ を M 等分し，

$$0 = x_0 < x_1 < x_2 < \cdots < x_M = L, \quad \Delta x = x_i - x_{i-1} = L/M$$

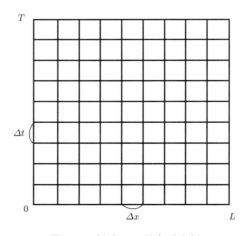

図 **C.2** 領域 Ω の長方形分割

C.2 反応拡散方程式の数値解法

とする．また，t 軸上の区間 $[0, T]$ を N 等分し，

$$0 = t_0 < t_1 < t_2 < \cdots < t_N = T, \quad \Delta t = t_j - t_{j-1} = T/N$$

とする．このとき，図 C.2 において各格子点の座標は

$$(x_i, t_j) = (i\Delta x, j\Delta t) \quad (i = 0, 1, 2, \cdots, M, \ j = 0, 1, 2, \cdots, N)$$

で与えられる．

さて，微分係数の定義より

$$\frac{\partial u}{\partial x}(x, t) = \lim_{h \to 0} \frac{u(x+h, t) - u(x, t)}{h}. \tag{C.2.2}$$

ここで，(C.2.2) において，$h = \Delta x$ とおくと

$$\frac{\partial u}{\partial x}(x, t) = \lim_{\Delta x \to 0} \frac{u(x + \Delta x, t) - u(x, t)}{\Delta x}.$$

よって，Δx が十分小さいとき

$$\frac{\partial u}{\partial x}(x, t) \fallingdotseq \frac{u(x + \Delta x, t) - u(x, t)}{\Delta x}$$

のように近似することができる．

一方，(C.2.2) において $h = -\Delta x$ とおくと

$$\begin{aligned}\frac{\partial u}{\partial x}(x, t) &= \lim_{\Delta x \to 0} \frac{u(x - \Delta x, t) - u(x, t)}{-\Delta x} \\ &= \lim_{\Delta x \to 0} \frac{u(x, t) - u(x - \Delta x, t)}{\Delta x}.\end{aligned}$$

よって，Δx が十分小さいとき

$$\frac{\partial u}{\partial x}(x, t) \fallingdotseq \frac{u(x, t) - u(x - \Delta x, t)}{\Delta x}$$

のように近似することもできる．

[定義 C.2.1]

$$\Delta_x^+ u(x, t) = \frac{u(x + \Delta x, t) - u(x, t)}{\Delta x}$$

を $u(x,t)$ の x 方向の前進差分

$$\Delta_x^- u(x,t) = \frac{u(x,t) - u(x-\Delta x, t)}{\Delta x}$$

を $u(x,t)$ の x 方向の後退差分という.

Δx が十分小さいとき, $\Delta_x^+ u(x,t)$, $\Delta_x^- u(x,t)$ は $u_x(x,t)$ の近似を与える. 同様に, $u(x,t)$ の t 方向の前進差分

$$\Delta_t^+ u(x,t) = \frac{u(x,t+\Delta t) - u(x,t)}{\Delta t}$$

および $u(x,t)$ の t 方向の後退差分

$$\Delta_t^- u(x,t) = \frac{u(x,t) - u(x,t-\Delta t)}{\Delta t}$$

も定義できる.

以下では, 拡散方程式

$$\frac{\partial u}{\partial t} = D \frac{\partial^2 u}{\partial x^2}$$

をみたす関数 $u(x,t)$ の代わりに

$$\Delta_t^+ \tilde{u}(x,t) = D \Delta_x^- \left(\Delta_x^+ \tilde{u}(x,t) \right) \tag{C.2.3}$$

をみたす関数 $\tilde{u}(x,t)$ を考える.

(C.2.3) の左辺は

$$\Delta_t^+ \tilde{u}(x,t) = \frac{\tilde{u}(x,t+\Delta t) - \tilde{u}(x,t)}{\Delta t}$$

となる. 一方, (C.2.3) の右辺は

$$\tilde{v}(x,t) = \Delta_x^+ \tilde{u}(x,t) = \frac{\tilde{u}(x+\Delta x, t) - \tilde{u}(x,t)}{\Delta x}$$

とおくと

$$\Delta_x^- \left(\Delta_x^+ \tilde{u}(x,t) \right) = \Delta_x^- \tilde{v}(x,t) = \frac{\tilde{v}(x,t) - \tilde{v}(x - \Delta x, t)}{\Delta x}$$

$$= \frac{\frac{\tilde{u}(x + \Delta x, t) - \tilde{u}(x,t)}{\Delta x} - \frac{\tilde{u}(x,t) - \tilde{u}(x - \Delta x, t)}{\Delta x}}{\Delta x}$$

$$= \frac{\tilde{u}(x + \Delta x, t) - 2\tilde{u}(x,t) + \tilde{u}(x - \Delta x, t)}{(\Delta x)^2}$$

となる．よって，(C.2.3) より

$$\frac{\tilde{u}(x, t + \Delta t) - \tilde{u}(x,t)}{\Delta t} = D \frac{\tilde{u}(x + \Delta x, t) - 2\tilde{u}(x,t) + \tilde{u}(x - \Delta x, t)}{(\Delta x)^2}$$

を得る．$x = i\Delta x$, $t = j\Delta t$ とおくと

$$\frac{\tilde{u}(i\Delta x, (j+1)\Delta t) - \tilde{u}(i\Delta x, j\Delta t)}{\Delta t}$$
$$= D \frac{\tilde{u}\big((i+1)\Delta x, j\Delta t\big) - 2\tilde{u}(i\Delta x, j\Delta t) + \tilde{u}\big((i-1)\Delta x, j\Delta t\big)}{(\Delta x)^2}$$

となる．ここで

$$\tilde{u}_i^j = \tilde{u}(i\Delta x, j\Delta t)$$

とおけば

$$\frac{\tilde{u}_i^{j+1} - \tilde{u}_i^j}{\Delta t} = D \frac{\tilde{u}_{i+1}^j - 2\tilde{u}_i^j + \tilde{u}_{i-1}^j}{(\Delta x)^2} \tag{C.2.4}$$

となる．したがって，

$$\lambda = D \frac{\Delta t}{(\Delta x)^2}$$

とおくと

$$\tilde{u}_i^{j+1} - \tilde{u}_i^j = \lambda \big(\tilde{u}_{i+1}^j - 2\tilde{u}_i^j + \tilde{u}_{i-1}^j \big)$$

より

$$\tilde{u}_i^{j+1} = \lambda \tilde{u}_{i+1}^j + (1 - 2\lambda)\tilde{u}_i^j + \lambda \tilde{u}_{i-1}^j$$

を得る．$j \to j - 1$ とすると，$\tilde{u}_i^j$ に関する漸化式

$$\tilde{u}_i^j = \lambda \tilde{u}_{i-1}^{j-1} + (1 - 2\lambda)\tilde{u}_i^{j-1} + \lambda \tilde{u}_{i+1}^{j-1} \qquad (j = 1, 2, \cdots, N) \tag{C.2.5}$$

を得る．格子点 (x_{i-1}, t_{j-1}), (x_i, t_{j-1}), (x_{i+1}, t_{j-1}) 上の $\tilde{u}$ の値 $\tilde{u}_{i-1}^{j-1}$, $\tilde{u}_i^{j-1}$, $\tilde{u}_{i+1}^{j-1}$ が既知であれば，(C.2.5) を用いて格子点 (x_i, t_j) 上の $\tilde{u}$ の値 $\tilde{u}_i^j$ を求めることができる（図 C.3）．

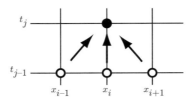

図 C.3 漸化式 (C.2.5) による $\tilde{u}$ の値の決定

ところで，(C.2.1) の初期条件より

$$\tilde{u}_i^0 = \tilde{u}(i\Delta x, 0) = u_0(i\Delta x) \qquad (i = 0, 1, \cdots, M)$$

は既知である．また，境界条件より

$$\tilde{u}_0^j = \tilde{u}(0, j\Delta t) = 0, \quad \tilde{u}_M^j = \tilde{u}(M\Delta x, j\Delta t) = \tilde{u}(L, j\Delta t) = 0$$

$$(j = 0, 1, \cdots, N)$$

である．以上をまとめて，次の問題を得る．

$$\begin{cases} \tilde{u}_i^j = \lambda \tilde{u}_{i-1}^{j-1} + (1 - 2\lambda)\tilde{u}_i^{j-1} + \lambda \tilde{u}_{i+1}^{j-1} \\ \qquad\qquad (i = 1, 2 \cdots, M-1, \ j = 1, 2, \cdots, N) \\ \tilde{u}_i^0 = u_0(i\Delta x) \qquad (i = 0, 1, \cdots, M) \\ \tilde{u}_0^j = \tilde{u}_M^j = 0 \qquad (j = 0, 1, \cdots, N) \end{cases} \quad \text{(C.2.6)}$$

ただし，$\lambda = D\Delta t/(\Delta x)^2$ である．(C.2.6) を初期値境界値問題 (C.2.1) の差分法による近似問題という．

(C.2.6) をみたす $\tilde{u}_i^j$ の値は次のようにして求めることができる．まず，$\tilde{u}_i^0 \ (i = 0, 1, \cdots, M)$ は既知であるから

$$\tilde{u}_i^1 = \lambda \tilde{u}_{i+1}^0 + (1 - 2\lambda)\tilde{u}_i^0 + \lambda \tilde{u}_{i-1}^0 \qquad (i = 1, 2, \cdots, M-1)$$

が求められる．次に，上で求めた $\tilde{u}_i^1$ $(i=1,2,\cdots,M-1)$ と $\tilde{u}_0^1=0$, $\tilde{u}_M^1=0$ を用いて，

$$\tilde{u}_i^2 = \lambda \tilde{u}_{i+1}^1 + (1-2\lambda)\tilde{u}_i^1 + \lambda \tilde{u}_{i-1}^1 \quad (i=1,2,\cdots,M-1)$$

を求めることができる．以下，この操作をくり返すことにより

$$\begin{cases} \tilde{u}_i^3 \ (i=1,2,\cdots,M-1) \\ \tilde{u}_i^4 \ (i=1,2,\cdots,M-1) \\ \qquad \vdots \\ \tilde{u}_i^N \ (i=1,2,\cdots,M-1) \end{cases}$$

を順次求めることができ，格子点 (x_i,t_j) における $\tilde{u}$ の値をすべて求めることができる．証明は省略するが，次の結果が成り立つことが知られている．

定理 C.2.2 $0<\lambda\leq 1/2$ のとき

$$\lim_{\Delta t, \Delta x \to 0}|u(x_i,t_j)-\tilde{u}_i^j|=0$$

が成り立つ．

上の定理より，$0<\lambda\leq 1/2$ のとき，Δx, Δt を小さくとれば，(C.2.6) をみたす $\tilde{u}_i^j$ は初期値境界値問題 (C.2.1) の解 $u(x,t)$ を近似していることが保証される．

注意 C.2.3 数値計算上は，$0<\lambda\leq 1/6$ とすることで計算の精度がよくなる．また，$\lambda>1/2$ のとき，(C.2.6) をみたす $\tilde{u}_i^j$ について

$$\lim_{j\to\infty}\tilde{u}_i^j=+\infty$$

となり，$\tilde{u}_i^j$ は $u(x,t)$ の近似にならない（数値的不安定性）．

(C.2.6) によって初期値境界値問題 (C.2.1) の解を近似的に求める方法を陽解法 (explicit scheme) という．陽解法は，条件

$$\lambda = D\frac{\Delta t}{(\Delta x)^2} \leq \frac{1}{2} \tag{C.2.7}$$

をみたすように Δt を小さくとる必要がある．このことは，陽解法においては，t 方向の計算ステップ総数 $N = T/\Delta t$ が多くなることを意味している．

一方，陰解法 (implicit scheme) は，初期値境界値問題 (C.2.1) を (C.2.3) ではなく

$$\Delta_t^- \tilde{u}(x,t) = D\Delta_x^- \left(\Delta_x^+ \tilde{u}(x,t)\right)$$

をみたす関数 $\tilde{u}(x,t)$ を用いて近似する．陽解法では t に関する前進差分を用いるが，陰解法では t に関する後退差分を用いる．このとき

$$-\lambda \tilde{u}_{i-1}^j + (1+2\lambda)\tilde{u}_i^j - \lambda \tilde{u}_{i+1}^j = \tilde{u}_i^{j-1} \quad (j=1,2,\cdots,N) \tag{C.2.8}$$

であるから，近似問題

$$\begin{cases} -\lambda \tilde{u}_{i-1}^j + (1+2\lambda)\tilde{u}_i^j - \lambda \tilde{u}_{i+1}^j = \tilde{u}_i^{j-1} \\ \qquad\qquad (i=1,2\cdots,M-1, \;\; j=1,2,\cdots,N) \\ \tilde{u}_i^0 = u_0(i\Delta x) \quad (i=0,1,\cdots,M) \\ \tilde{u}_0^j = \tilde{u}_M^j = 0 \quad (j=0,1,\cdots,N) \end{cases} \tag{C.2.9}$$

を得る．

問 C.2.4 (C.2.8) を導け．

(C.2.9) の第 1 式 $-\lambda \tilde{u}_{i-1}^j + (1+2\lambda)\tilde{u}_i^j - \lambda \tilde{u}_{i+1}^j = \tilde{u}_i^{j-1}$ を $i=1,2,\cdots,M-1$ の順に並べてみよう．境界条件より $\tilde{u}_0^j = \tilde{u}_M^j = 0$ であることに注意すると

$$\begin{cases} (1+2\lambda)\tilde{u}_1^j - \lambda \tilde{u}_2^j = \tilde{u}_1^{j-1} \\ -\lambda \tilde{u}_1^j + (1+2\lambda)\tilde{u}_2^j - \lambda \tilde{u}_3^j = \tilde{u}_2^{j-1} \\ \qquad\qquad\vdots \\ -\lambda \tilde{u}_{M-3}^j + (1+2\lambda)\tilde{u}_{M-2}^j - \lambda \tilde{u}_{M-1}^j = \tilde{u}_{M-2}^{j-1} \\ -\lambda \tilde{u}_{M-2}^j + (1+2\lambda)\tilde{u}_{M-1}^j = \tilde{u}_{M-1}^{j-1} \end{cases}$$

となる．これは $\tilde{u}_1^j, \tilde{u}_2^j, \cdots, \tilde{u}_{M-1}^j$ に関する連立 1 次方程式と見ることができる．よって，

$$A = \begin{pmatrix} 1+2\lambda & -\lambda & & & \\ -\lambda & 1+2\lambda & -\lambda & & \\ & & \ddots & & \\ & & -\lambda & 1+2\lambda & -\lambda \\ & & & -\lambda & 1+2\lambda \end{pmatrix}, \quad \tilde{\mathbf{u}}^j = \begin{pmatrix} \tilde{u}_1^j \\ \vdots \\ \tilde{u}_{M-1}^j \end{pmatrix}$$

とおくと，A は $M-1$ 次正方行列であり，(C.2.9) は

$$A\tilde{\mathbf{u}}^j = \tilde{\mathbf{u}}^{j-1}, \quad \tilde{\mathbf{u}}^0 = (u_0(i\Delta x)) \quad (j = 1, 2, \cdots, N) \quad \text{(C.2.10)}$$

と書き直せる．したがって，近似問題 (C.2.9) をみたす $\tilde{u}_i^j$ は次のようにして求められる．

まず，連立 1 次方程式

$$A\tilde{\mathbf{u}}^1 = \tilde{\mathbf{u}}^0, \quad \tilde{\mathbf{u}}^0 = (u_0(i\Delta x))$$

を解いて $\tilde{\mathbf{u}}^1$ を求める．次に，連立 1 次方程式

$$A\tilde{\mathbf{u}}^2 = \tilde{\mathbf{u}}^1$$

を解いて $\tilde{\mathbf{u}}^2$ を求める．この操作を繰り返せば $\tilde{\mathbf{u}}^3, \tilde{\mathbf{u}}^4, \cdots, \tilde{\mathbf{u}}^N$ を順次求めることができ，格子点 (x_i, t_j) における $\tilde{u}$ の値をすべて求めることができる．上のような連立 1 次方程式を解く方法については，C.2.2 項を参照してほしい．

陰解法では，陽解法における (C.2.7) のような条件が必要ない．証明は省略するが，次の結果が成り立つことが知られている．

定理 C.2.5 任意の $\lambda > 0$ に対して

$$\lim_{\Delta t, \Delta x \to 0} |u(x_i, t_j) - \tilde{u}_i^j| = 0$$

が成り立つ．

上の定理により，陰解法では陽解法よりも計算ステップ総数を少なくすることができる．

これまで述べてきた差分法による近似は，ディリクレ境界条件に対するものである．他の境界条件の場合は近似の仕方が少し異なる．例えば，ノイマン境界条件をもつ初期値境界値問題

$$\begin{cases} u_t(x,t) = Du_{xx}(x,t) \\ u_x(0,t) = u_x(L,t) = 0 \\ u(x,0) = u_0(x) \end{cases} \quad \text{(C.2.11)}$$

の場合は，$u(x,t)$ を x の関数と見たときのグラフが $x=0$ および $x=L$ に関して対称であると考えてよい．すなわち，$0 \leq x \leq L$ のとき

$$u(-x,t) = u(x,t), \qquad u(L+x,t) = u(L-x,t)$$

が成り立つと考えて x のとりうる範囲を拡張することができる．そこで，陽解法の場合は

$$\tilde{u}^j_{-1} = \tilde{u}^j_1, \qquad \tilde{u}^j_{M+1} = \tilde{u}^j_{M-1} \quad \text{(C.2.12)}$$

と考えて，(C.2.6) を次のように修正した差分近似を用いる[2]．

$$\begin{cases} \tilde{u}^j_i = \lambda \tilde{u}^{j-1}_{i-1} + (1-2\lambda)\tilde{u}^{j-1}_i + \lambda \tilde{u}^{j-1}_{i+1} \\ \qquad (i=1,2\cdots,M-1, \ j=1,2,\cdots,N) \\ \tilde{u}^j_0 = (1-2\lambda)\tilde{u}^{j-1}_0 + 2\lambda \tilde{u}^{j-1}_1 \quad (j=1,2,\cdots,N) \\ \tilde{u}^j_M = 2\lambda \tilde{u}^{j-1}_{M-1} + (1-2\lambda)\tilde{u}^{j-1}_M \quad (j=1,2,\cdots,N) \\ \tilde{u}^0_i = u_0(i\Delta x) \quad (i=0,1,\cdots,M) \end{cases} \quad \text{(C.2.13)}$$

陰解法の場合は，(C.2.10) において A と $\tilde{\mathbf{u}}^j$ を次のように修正した差分近似を用いる．ただし，A は $M+1$ 次正方行列である．

---

[2] (C.2.13) の第1式で $i=0, M$ において (C.2.12) を用いる．

$$A = \begin{pmatrix} 1+2\lambda & -2\lambda & & & & \\ -\lambda & 1+2\lambda & -\lambda & & & \\ & & \ddots & & & \\ & & & -\lambda & 1+2\lambda & -\lambda \\ & & & & -2\lambda & 1+2\lambda \end{pmatrix}, \quad \tilde{\mathbf{u}}^j = \begin{pmatrix} \tilde{u}_0^j \\ \vdots \\ \tilde{u}_M^j \end{pmatrix}$$

また，ノイマン境界条件をもつ反応拡散方程式の初期値境界値問題

$$\begin{cases} u_t = d_1 u_{xx} + f(u,v), \quad v_t = d_2 v_{xx} + f(u,v) \\ u_x(0,t) = u_x(L,t) = 0, \quad v_x(0,t) = v_x(L,t) = 0 \\ u(x,0) = u_0(x), \quad v(x,0) = v_0(x) \end{cases} \tag{C.2.14}$$

の場合，陽解法による差分近似は次のように考えればよい．

$$\tilde{u}_i^j = \tilde{u}(i\Delta x, j\Delta t), \qquad \tilde{v}_i^j = \tilde{v}(i\Delta x, j\Delta t)$$

とおいて，(C.2.4) を導いたときと同様にすれば

$$\begin{cases} \dfrac{\tilde{u}_i^{j+1} - \tilde{u}_i^j}{\Delta t} = d_1 \dfrac{\tilde{u}_{i+1}^j - 2\tilde{u}_i^j + \tilde{u}_{i-1}^j}{(\Delta x)^2} + f(\tilde{u}_i^j, \tilde{v}_i^j) \\ \dfrac{\tilde{v}_i^{j+1} - \tilde{v}_i^j}{\Delta t} = d_2 \dfrac{\tilde{v}_{i+1}^j - 2\tilde{v}_i^j + \tilde{v}_{i-1}^j}{(\Delta x)^2} + g(\tilde{u}_i^j, \tilde{v}_i^j) \end{cases} \tag{C.2.15}$$

を得る．したがって，

$$\lambda_1 = d_1 \frac{\Delta t}{(\Delta x)^2}, \qquad \lambda_2 = d_2 \frac{\Delta t}{(\Delta x)^2}$$

とおいて $j \to j-1$ とすると，$\tilde{u}_i^j, \tilde{v}_i^j$ に関する漸化式

$$\begin{cases} \tilde{u}_i^j = \lambda_1 \tilde{u}_{i-1}^{j-1} + (1-2\lambda_1)\tilde{u}_i^{j-1} + \lambda_1 \tilde{u}_{i+1}^{j-1} + \Delta t \cdot f(\tilde{u}_i^{j-1}, \tilde{v}_i^{j-1}) \\ \tilde{v}_i^j = \lambda_2 \tilde{v}_{i-1}^{j-1} + (1-2\lambda_2)\tilde{v}_i^{j-1} + \lambda_2 \tilde{v}_{i+1}^{j-1} + \Delta t \cdot g(\tilde{u}_i^{j-1}, \tilde{v}_i^{j-1}) \end{cases}$$

を得る．ノイマン境界条件であることを考慮すると，陽解法による差分近似は

$$\begin{cases}
\tilde{u}_i^j = \lambda_1 \tilde{u}_{i-1}^{j-1} + (1 - 2\lambda_1)\tilde{u}_i^{j-1} + \lambda_1 \tilde{u}_{i+1}^{j-1} + \Delta t \cdot f(\tilde{u}_i^{j-1}, \tilde{v}_i^{j-1}) \\
\qquad\qquad (i = 1, 2 \cdots, M-1, \ \ j = 1, 2, \cdots, N) \\
\tilde{v}_i^j = \lambda_2 \tilde{v}_{i-1}^{j-1} + (1 - 2\lambda_2)\tilde{v}_i^{j-1} + \lambda_2 \tilde{v}_{i+1}^{j-1} + \Delta t \cdot g(\tilde{u}_i^{j-1}, \tilde{v}_i^{j-1}) \\
\qquad\qquad (i = 1, 2 \cdots, M-1, \ \ j = 1, 2, \cdots, N) \\
\tilde{u}_0^j = (1 - 2\lambda_1)\tilde{u}_0^{j-1} + 2\lambda_1 \tilde{u}_1^{j-1} + \Delta t \cdot f(\tilde{u}_0^{j-1}, \tilde{v}_0^{j-1}) \quad (j = 1, 2, \cdots, N) \\
\tilde{v}_0^j = (1 - 2\lambda_2)\tilde{v}_0^{j-1} + 2\lambda_2 \tilde{v}_1^{j-1} + \Delta t \cdot g(\tilde{u}_0^{j-1}, \tilde{v}_0^{j-1}) \quad (j = 1, 2, \cdots, N) \\
\tilde{u}_M^j = 2\lambda_1 \tilde{u}_{M-1}^{j-1} + (1 - 2\lambda_1)\tilde{u}_M^{j-1} + \Delta t \cdot f(\tilde{u}_M^{j-1}, \tilde{v}_M^{j-1}) \quad (j = 1, 2, \cdots, N) \\
\tilde{v}_M^j = 2\lambda_2 \tilde{v}_{M-1}^{j-1} + (1 - 2\lambda_2)\tilde{v}_M^{j-1} + \Delta t \cdot g(\tilde{u}_M^{j-1}, \tilde{v}_M^{j-1}) \quad (j = 1, 2, \cdots, N) \\
\tilde{u}_i^0 = u_0(i\Delta x) \qquad (i = 0, 1, \cdots, M) \\
\tilde{v}_i^0 = v_0(i\Delta x) \qquad (i = 0, 1, \cdots, M)
\end{cases}$$

(C.2.16)

となる.

注意 C.2.6 (C.2.15) は (C.2.14) を空間方向と時間方向に差分化して得られる式である. 空間方向にのみ差分化した場合は,

$$\begin{cases}
\dfrac{d\tilde{u}_i}{dt} = d_1 \dfrac{\tilde{u}_{i+1} - 2\tilde{u}_i + \tilde{u}_{i-1}}{(\Delta x)^2} + f(\tilde{u}_i, \tilde{v}_i) \\
\dfrac{d\tilde{v}_i}{dt} = d_2 \dfrac{\tilde{v}_{i+1} - 2\tilde{v}_i + \tilde{v}_{i-1}}{(\Delta x)^2} + g(\tilde{u}_i, \tilde{v}_i)
\end{cases}$$

となる. ただし, $\tilde{u}_i = \tilde{u}(i\Delta x, t)$, $\tilde{v}_i = \tilde{v}(i\Delta x, t)$ である. $D_u = d_1/(\Delta x)^2$, $D_v = d_2/(\Delta x)^2$ とおくと第 3 章の (3.9.8) と同じ形の式を得る.

問 C.2.7 (C.2.14) の陰解法による差分近似を導け.

問 C.2.8 (C.2.14) の境界条件を周期境界条件 $u(0,t) = u(L,t), u_x(0,t) = u_x(L,t)$, $v(0,t) = v(L,t), v_x(0,t) = v_x(L,t)$ に変更した場合について, 陽解法による差分近似を導け.

陽解法 (C.2.16) にもとづくプログラムを利用して，反応拡散方程式の初期値境界値問題

$$\begin{cases} u_t = d_1 u_{xx} + \alpha(u - u^3) - \beta v \\ v_t = d_2 v_{xx} + \beta u - \gamma v \\ u_x(0,t) = u_x(1,t) = 0 \qquad (0 \leq x \leq 1,\ t > 0) \\ v_x(0,t) = v_x(1,t) = 0 \\ u(x,0) = u_0(x), \quad v(x,0) = v_0(x) \end{cases} \qquad \text{(C.2.17)}$$

を解いてみる．ここで，パラメータの値は

$$\alpha = 5.0, \qquad \beta = 6.0, \qquad \gamma = 7.0$$

であり，拡散係数は $d_1 = 0.003$, $d_2 = 0.0062$ とする．また，初期値 $u_0(x)$, $v_0(x)$ をそれぞれ -0.00005 から 0.00005 までの間の実数値をランダムにとる関数に設定しよう．

プログラムの流れは図 C.4 のようになる．$M = 50$ とおいて区間 $[0,1]$ を 50 等分すると，$\Delta x = 0.02$ となる．また，条件 (C.2.7) に注意して

$$\lambda_1 = d_1 \frac{\Delta t}{(\Delta x)^2} = 0.075 < \frac{1}{2}, \qquad \lambda_2 = d_2 \frac{\Delta t}{(\Delta x)^2} = 0.155 < \frac{1}{2}$$

をみたすように $\Delta t = 0.01$ とする．漸化式を計算して得られた数値データは，t の値がある一定値分増えるごとにファイルに書き出して保存する．このとき，得られたデータを gnuplot の入力形式に合わせてファイルに書き込む必要がある．以上の方針をもとにプログラムを作成し，得られたデータファイルを gnuplot の splot コマンドで表示すると第 3 章の図 3.50 を得る．

問 C.2.9 陰解法による差分近似を用いて (C.2.17) を解け．

198 付録C　数値計算法に関する事項

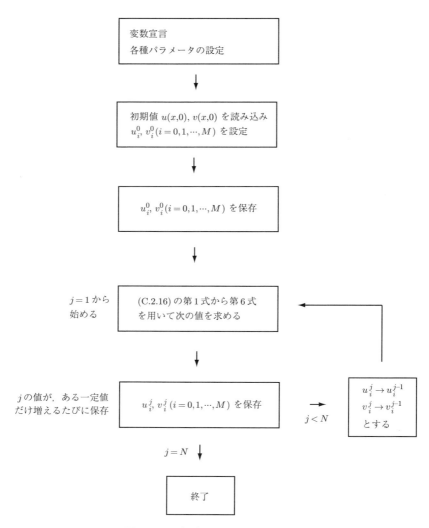

図 C.4　陽解法のプログラムの流れ

―――― プログラム例 ――――

```c
#include <stdlib.h>
#include <math.h>
#include <iostream>
#include <fstream.h>
#include <stdio.h>

#define M 50

double F (double, double);
double G (double, double);

void main (void)
{
    int i,j;
    int N, nstep;
    double u[M+1], v[M+1], x[M+1], w[M+1], z[M+1];
    double dt, dx;
    double D1, D2;
    double a1, a2;

    N = 30000;
    nstep = 500;
    dt = 0.01;
    dx = 0.02;
    D1 = 0.003;
    D2 = 0.0062;
    a1 = D1*dt/ (dx*dx);
    a2 = D2*dt/ (dx*dx);

    for (i=0 ; i<=M ; i++) {
        u[i] = 0.0001* ((double) rand () / ((double) RAND_MAX + 1.0) -0.5);
        v[i] = 0.0001* ((double) rand () / ((double) RAND_MAX + 1.0) -0.5);
        x[i] = i*dx;
    }

    ofstream output_file_u ("graph_data1");
    ofstream output_file_v ("graph_data2");

    for (i = 0; i <= M; i++) {
        output_file_u << "0.0" << " " << x[i] << " " << u[i] << endl;
        output_file_v << "0.0" << " " << x[i] << " " << v[i] << endl;
    }

    output_file_u << " " << endl;
    output_file_v << " " << endl;
```

―― プログラム例 ――

```
    for (j=1 ; j<=N ; j++) {

        for (i=1 ; i<M ; i++) {
            w[i] = a1*u[i-1] + (1.0-2.0*a1) *u[i] + a1*u[i+1]
                                            + dt*F (u[i], v[i]);
            z[i] = a2*v[i-1] + (1.0-2.0*a2) *v[i] + a2*v[i+1]
                                            + dt*G (u[i], v[i]);
        }

        w[0] = (1.0-2.0*a1) *u[0] + 2.0*a1*u[1] + dt*F (u[0], v[0]);
        z[0] = (1.0-2.0*a2) *v[0] + 2.0*a2*v[1] + dt*G (u[0], v[0]);
        w[M] = (1.0-2.0*a1) *u[M] + 2.0*a1*u[M-1] + dt*F (u[M], v[M]);
        z[M] = (1.0-2.0*a2) *v[M] + 2.0*a2*v[M-1] + dt*G (u[M], v[M]);

        if (j%nstep == 0) {
            for (i = 0; i <= M; i++) {
                output_file_u << j*dt << " " << x[i] << " "
                                                  << w[i] << endl;
                output_file_v << j*dt << " " << x[i] << " "
                                                  << z[i] << endl;
            }
            output_file_u << " " << endl;
            output_file_v << " " << endl;
        }

        for (i=0 ; i<=M ; i++) {
            u[i] = w[i] ;
            v[i] = z[i] ;
        }

    }

    output_file_u.close ();
    output_file_v.close ();

}

double F (double u, double v) {
    return 5.0*u - 5.0*u*u*u - 6.0*v ;
}

double G (double u, double v) {
    return 6.0*u - 7.0*v ;
}
```

C.2.2 連立1次方程式の解法

正方行列 $A = (a_{ij})$ は

$$a_{ij} = 0 \quad (|i-j| \geq 2)$$

をみたすとき，3重対角行列とよばれる．3重対角行列を係数行列にもつ連立1次方程式

$$\begin{pmatrix} b_0 & c_0 & & & & \\ a_1 & b_1 & c_1 & & \text{\Large 0} & \\ & a_2 & b_2 & c_2 & & \\ & & \ddots & & & \\ & & & \ddots & & \\ & \text{\Large 0} & & a_{N-1} & b_{N-1} & c_{N-1} \\ & & & & a_N & b_N \end{pmatrix} \begin{pmatrix} x_0 \\ x_1 \\ x_2 \\ \vdots \\ \vdots \\ x_{N-1} \\ x_N \end{pmatrix} = \begin{pmatrix} u_0 \\ u_1 \\ u_2 \\ \vdots \\ \vdots \\ u_{N-1} \\ u_N \end{pmatrix} \quad \text{(C.2.18)}$$

を考える．偏微分方程式の差分近似問題には，このようなタイプの連立1次方程式がしばしば登場する．(C.2.18) を解くための最も単純なプログラムは次のようなものである．

```
void dsolve (double a[], double b[], double c[], double u[], double x[])
{
    int j;

    for (j=1 ; j <= N ; j++) {
        b[j] = b[j] - c[j-1]*a[j]/b[j-1];
        u[j] = u[j] - u[j-1]*a[j]/b[j-1];
    }

    x[N] = u[N]/b[N];

    for (j=N-1 ; j>=0 ; j--)
        x[j] = (u[j] - c[j]*x[j+1]) /b[j];
}
```

このプログラムは，ガウスの消去法（はき出し法）による連立1次方程式の解法にもとづいており，計算の途中で0による割算が生じない場合のみ利用で

きる（ピボットなし）．本書で扱う程度の差分近似問題では，このプログラムも利用できる[3]．現在では，連立 1 次方程式を解く様々なプログラムが開発されており，それらは LAPACK とよばれる数値線形演算パッケージの中に含まれて配布されている．

問 C.2.10 プログラム dsolve に示された手順に従って連立 1 次方程式

$$\begin{cases} 2x_0 - x_1 & = 2 \\ -x_0 + 2x_1 - x_2 & = 0 \\ -x_1 + 2x_2 - x_3 & = -3 \\ -x_2 + 2x_3 & = 3 \end{cases}$$

を手計算で解き，連立 1 次方程式 (C.2.18) が dsolve を用いて解けることを確かめよ．

---

[3] プログラム dsolve をそのまま関数として利用すると，受け渡した配列 b[ ] の値が関数の内部で変更されることに注意せよ．

問題のヒントと略解

1.1.1 (2) 十分小さい正の値をもつ初期値から出発する解は $x = 0$ から離れていく.

1.3.2 (1) $\dot{\theta} = \omega$, $\dot{\omega} = -k\theta - \nu\omega$

1.4.3 省略.

1.4.4 $b < a^2 + 1$ のとき $(a, b/a)$ に収束する. $b > a^2 + 1$ のとき振動する解が現れる.

2.1.8 $x = 0$ のまわりでは $\dot{z} = z$, $x = -1$ のまわりでは $\dot{z} = -2z$.

2.1.9 $\lim_{t \to \infty} x(t; x_0)$ の値は $x_0 < 0$ のとき -1, $x_0 = 0$ のとき 0, $x_0 > 0$ のとき 1 である.

2.1.10 平衡点は $n\pi$ $(n = 0, \pm 1, \pm 2, \cdots)$ である. n が偶数のときは不安定, n が奇数のときは漸近安定.

2.1.14 $\dot{x} = y$, $\dot{y} = -(1 + x^2)y - x$ で定義される流れは, 直線 $y = 0$ と曲線 $y = -x/(1 + x^2)$ を描けばわかる.

2.2.5 省略.

2.2.6 $\mathbf{v}_1$ と $\mathbf{v}_2$ の係数の比 $(C_1 + C_2 t)e^{\alpha t}/(C_2 e^{\alpha t}) = t + C_1/C_2$ の符号が $t \to \infty$ のときは正, $t \to -\infty$ のときは負になることに注意する.

2.2.11 線形化行列の固有値 $(-1 \pm \sqrt{3}i)/2$ の実部の符号はともに負である.

2.2.12 (1) $(0, 2)$, $(3, 0)$ は漸近安定. $(0, 0)$, $(1, 1)$ は不安定. (2) $(-\pi/2, -\pi/2)$ は漸近安定. $(\pi/2, \pi/2)$, $(\pi/2, -\pi/2)$, $(-\pi/2, \pi/2)$ は不安定.

2.2.15 $(0, 0, 0)$ は $-1 < a < 0$ のとき漸近安定. $(1, 1, 1)$, $(-1, -1, 1)$ は $a > 0$ のとき漸近安定.

2.3.5 $\phi(x) = cx^2 + cdx^4 + cd^2 x^6$ のとき $N\phi(x) = O(x^8)$ となる. $d = -bc$ より $\dot{x} = -cd^2 x^7 + O(x^9)$ であるから, 原点は $c > 0$ ならば安定, $c < 0$ ならば不安定.

2.3.7 $(1, -1)$ は不安定.

2.4.2 不安定.

2.4.5 固有値は $\pm i$. 原点は安定.

2.5.4 省略

2.5.6 省略

2.5.7 (1) $A(t + T) = A(t)$ より $\dot{Y}(t + T) = A(t + T)Y(t + T) = A(t)Y(t + T)$ であるから, $Y(t + T)$ は (行列値の) 微分方程式 $\dot{X} = A(t)X$ の解であ

り，その初期値は $Y(T)$ である．一方，$Y(t)Y(T)$ も $\dot{X} = A(t)X$ の解で，その初期値は $Y(T)$ である．よって，微分方程式の初期値問題の解の一意性により $Y(t+T) \equiv Y(t)Y(T)$ となる．この式において $t = -T$ とおくと，$Y(0) = E$ より $Y(T)^{-1} = Y(-T)$ を得る． (2) $Y(t+T) \equiv Y(t)Y(T)$ において $t = T$ とおけば $Y(2T) = Y(T)^2$ を得る．後は同様に考えればよい．

2.6.5 必要性は明らか．十分性は $f_x + g_y = 0$ のとき $H(x,y) = -\int g(x,y)dx + \int \{f(x,y) + \frac{\partial}{\partial y}\int g(x,y)dx\}dy$ とおけば，$\partial H/\partial x = -g$, $\partial H/\partial y = f$ が成り立つことからわかる．

2.6.7 (1) 簡単のため $n = 3$ の場合を考える．等高面 M は 3 次元空間内の曲面であり，2 つのパラメータを用いて $\mathbf{p}(s,t) = (x_1(s,t), x_2(s,t), x_3(s,t))$ の形で表される．$U(\mathbf{p}(s,t)) = c$ の両辺を s および t で偏微分すると，$\nabla U \cdot \mathbf{p}_s = \nabla U \cdot \mathbf{p}_t = 0$ となる．この式は ∇U が等高面 M に直交することを示している．なぜなら，$\mathbf{p}_s$ と $\mathbf{p}_t$ は曲面 M に接するベクトルである． (2) 一般に，ベクトルの内積 $\mathbf{x} \cdot \mathbf{y}$ の値は $\mathbf{x} = \mathbf{y}$ のとき最大になることから，$\nabla U(\mathbf{a}) \cdot \mathbf{n}$ の値は $\mathbf{n} = \nabla U(\mathbf{a})$ のとき最大になる．

2.6.10 必要性は明らか．十分性は $f_y - g_x = 0$ のとき $U(x,y) = -\int f(x,y)dx - \int \{g(x,y) - \frac{\partial}{\partial y}\int f(x,y)dx\}dy$ とおけば，$\partial U/\partial x = -f$, $\partial U/\partial y = -g$ が成り立つことからわかる．

2.7.5 $V = x^2 + y^2$ とおくと $dV/dt = -2(x^4 + y^4) \leq 0$ であり，V はリアプノフ関数であることがわかる．

2.8.8 $K_1 > K_2/a_{21}$ かつ $K_2 > K_1/a_{12}$ のとき，行列式の値は負になる．行列式の値が固有値の積に等しいことを用いる．

2.8.13 例題 2.8.11 と同様に考える．例えば，$a = b = 1$ として，原点のまわりの流れをコンピュータを用いて数値的に調べてもよい．

3.1.3 $r = -x/2 + x/(1+x)$ のグラフを書いて考える．$r = 3/2 - \sqrt{2}$ でサドルノード分岐が起きる．図は略．

3.2.3 $r = 1$ でトランスクリティカル分岐が起きる．図は略．

3.3.1 $\dot{x} = -x^3$ の解は $x(t) = (2t + C)^{-1/2}$ (C は任意定数) である．t が十分大きいとき $x(t) \fallingdotseq (2t)^{-1/2} = O(t^{-1/2})$．

3.3.4 $x = b^{1/2}c^{-1/2}y$, $t = cb^{-2}s$, $r = acb^{-2}$ とおくと $dy/ds = ry + y^3 - y^5$ となる．

3.3.6 (1) $r = 1$ で超臨界ピッチフォーク分岐が起きる．図は略． (2) $r = -1$ で亜臨界ピッチフォーク分岐が起きる．図は略．

3.4.1 固有値は $\mu \pm i\omega$ で超臨界の場合と同じである．

3.6.4 $\mu = 1$ でサドルノード分岐が起きる．図は略．

3.6.7 $\mu = 0$ のとき $H = y^2/2 - \cos x$ とおくと，$\dot{x} = \partial H/\partial y$, $\dot{y} = -\partial H/\partial x$ となる．$(x,y) \fallingdotseq (0,0)$ のとき，$\cos x \fallingdotseq 1 - x^2/2$ であるから，$H = const.$ より $y^2/2 - (1 - x^2/2) \fallingdotseq const.$ である．これより $x^2 + y^2 \fallingdotseq const.$ とな

り，原点のまわりに円周状の周期軌道の族があることがわかる．

3.6.10 a の値を固定して b の値を増加させていくと，$b = a^2 + 1$ で超臨界ホップ分岐が起きて，平衡点 $(a, b/a)$ から周期解が分岐する．分岐点近くのリミットサイクルの周期は $2\pi/a$ である．コンピュータによる数値計算を用いて，超臨界ホップ分岐が起きることを確かめてもよい．

3.6.11 もし，ある $K'(< K^{tc} = x^*)$ において (x^*, y^*) が不安定から安定に変わると仮定すれば，$K = K'$ のとき A_2 は 0 固有値をもつことになり矛盾が生ずる．

3.6.14 省略

3.8.1 (1) 図 1. h の値を連続的に動かすと，分岐図も連続的に変化することを理解せよ．(2) $x^2 - rx - h = 0$ の実数解の個数を r, h の値によって分類すればよいが，それは判別式 $D = r^2 + 4h$ の値によって決まる．安定性ダイアグラムは放物線 $h = -r^2/4$ を描いて作成すればよい．図は略．

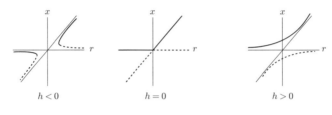

図 1

3.8.3 (1) $x = 0$ は $h < a$ ならば不安定，$h > a$ ならば安定．$h = a$ のときは $0 < a < 1$ ならば不安定，$a \geq 1$ ならば安定．(2) 解を $x \geq 0$ の範囲で考えることに注意する．安定性ダイアグラムは直線 $h = a$ と放物線 $h = (1+a)^2/4$ を描いて作成すればよい．この直線と放物線が $(a, h) = (1, 1)$ で接することに注意する．$a < 1$ のとき，$h \leq a$ ならば平衡点は 2 個，$a < h < (1+a)^2/4$ ならば 3 個，$h = (1+a)^2/4$ ならば 2 個，$h > (1+a)^2/4$ ならば 1 個．$a \geq 1$ のとき，$h < a$ ならば平衡点は 2 個，$h \geq a$ ならば 1 個．図は略．(3) まず，解をすべての範囲で考えて分岐図をつくる．$a = 1$ のとき，$h = 1$ で亜臨界ピッチフォーク分岐が起きる．$a \neq 1$ のとき，$h = a$ でトランスクリティカル分岐，$h = (1+a)^2/4$ でサドルノード分岐が起きる．次に，解の範囲を $x \geq 0$ の範囲に制限し，分岐図にも制限をかける．図は略．(4) $a < 1$ のとき，ヒステリシスとカタストロフが起きる．

参考文献

[1] 栄伸一郎,柳田英二,常微分方程式論,朝倉書店,2002.
[2] 郡宏,森田善久,生物リズムと力学系,共立出版,2011.
[3] キーナー,スネイド,数理生理学（上）,日本評論社,2005.
[4] 安藤四郎,楕円積分・楕円関数入門,日新出版,2000.
[5] スメール,ハーシュ,力学系入門,岩波書店,1976.
[6] スメール,ハーシュ,デバネー,力学系入門—微分方程式からカオスまで,共立出版,2007.
[7] 白岩謙一,常微分方程式論序説,サイエンス社,1975.
[8] 増田久弥,非線型数学,朝倉書店,1985.
[9] 小川知之,非線形現象と微分方程式—パターンダイナミクスの分岐解析,サイエンス社,2010.
[10] 昌子浩登,太田隆夫,3次元チューリングパターン,数理科学 46, pp.39-44, 2008.
[11] 黒田成俊,関数解析,共立出版,1980.
[12] J. Carr, Applications of Centre Manifold Theory, Springer-Verlag, 1981.
[13] C. Chicone, Ordinary Differential Equations with Applications, 2nd ed., Springer-Verlag, 2005.
[14] S.-N. Chow, C. Li, D. Wang, Normal Forms and Bifurcation of Planar Vector Fields, Cambridge University Press, 1994.
[15] P. Collet, J.P. Eckmann, Instabilities and Fronts in Extended Systems, Princeton University Press, 1990.
[16] E.J. Doedel et al., AUTO-07p: continuation and bifurcation software for ordinary differential equations, 2008.
[17] F.R. Gantmacher, Applications of the Theory of Matrices, Intersience Publishers Inc., NY, 1959.
[18] J. Guckenheimer, P. Holmes, Nonlinear Oscillations, Dynamical Systems and Bifurcations of Vector Fields, Springer-Verlag, 1983.
[19] D. Henry, Geometric Theory of Semilinear Parabolic Equations, Springer-Verlag, 1981.
[20] H.B. Keller, Lectures on Numerical Methods in Bifurcation Problems, Tata Institute of Fundamental Research, Springer-Verlag, 1987.
[21] Y.A. Kuznetsov, Elements of Applied Bifurcation Theory, 3rd ed., Springer-Verlag, 2004.
[22] J.D. Murray, Mathematical Biology, 2nd ed., Springer-Verlag, 1989.
[23] S.H. Strogatz, Nonlinear Dynamics and Chaos, Westview Press, 2000.

索引

【欧文】

AUTO　131

blow up 変換　89

critical eigenvalue　116

generic　87

near identity 変換　97

【ア行】

安定
　　周期解の場合　50
　　平衡点の場合　21, 29
安定結節点　36
安定焦点　36
安定性ダイアグラム　138
安定多様体　69
鞍点　36

1 次分岐　130
陰関数定理　169

エックハウス不安定性　157

【カ行】

解軌道　24
解曲線　24
開集合　165
拡散誘導不安定性　146
カスプ　87
カスプ・カタストロフ曲面　139
カタストロフ　139
活性化因子　143

関数空間　173

疑似弧長 (pseudo-arclength) 法　185
逆分岐　104
吸引点　36
共役作用素　176
局所安定　66

形態因子　143
形態形成　142

後退差分　188
勾配系　63
固有値
　　退化——　164
　　単純——　112
　　——の幾何学的次元　164
　　——の代数的次元　164
固有ベクトル
　　一般化——　164
　　退化——　164

【サ行】

サスペンション　132
サドル (saddle)　36
サドルノード分岐　93
差分法　185
　　陰解法　192
　　陽解法　191

弛緩振動　82
周期解　50
周期軌道　50
ジョルダン標準形　164

自励系 28
シンク (sink) 36

スロー時間変数 80

セーフ分岐 104
セパラトリックス 77
0固有値分岐 115
漸近安定
　　周期解の場合 50
　　平衡点の場合 21, 29
線形化行列 33, 37
線形化方程式
　　周期解の場合 53
　　平衡点の場合 21, 33
線形作用素 175
前進差分 188

双曲型平衡点 35
ソース (source) 36
側方抑制 146
ソフト分岐 104

【タ行】
ターニングポイント分岐 93
大域安定 66
ダイナミクス 24

中心多様体 42
中立安定 29
チューリングパターン 160
チューリング (Turing) 理論 142

定常解 151
定常分岐 110

トランスクリティカル分岐 95

【ナ行】
内積空間 175

2次分岐 130

ノード (node) 36
ノルム 173
ノルム空間 173

【ハ行】
ハード分岐 104
ハートマン・グロブマン
　　(Hartman-Grobman) の定理 35, 70
バックワード分岐 104
ハミルトン系 60, 62
反応拡散方程式 151

被食者-捕食者系 126
非自励系 28
ヒステリシス 104
ピッチフォーク分岐 98
　　亜臨界 —— 102
　　超臨界 —— 100
非定常分岐 111
微分方程式の解の一意存在定理 170
標準形
　　分岐の —— 116

不安定
　　周期解の場合 50
　　平衡点の場合 21, 29
不安定結節点 36
不安定焦点 36
不安定多様体 69
ファン・デル・ポル方程式 78
フォーカス (focus) 36
フォールド分岐 93
フォワード分岐 104
不完全性パラメータ 136
不変集合 69
不変多様体 69
ブリュセレーター 12
フロケ乗数 54
分岐集合 111
分岐図 111
　　サドルノード分岐の —— 92
　　トランスクリティカル分岐の ——

95
　ピッチフォーク分岐の ── 99, 102
　ホップ分岐の ── 107, 109
分岐点　111
分岐方程式　180

平衡解　151
平衡点　28, 37
閉集合　165
閉領域　165
ベクトル場　22
ヘテロクリニック軌道　71
ポアンカレ・ベンディクソン
　(Poincaré-Bendixson) の定理　172
保存系　58
ホップ分岐　105
　亜臨界 ──　108
　退化 ──　124
　超臨界 ──　107
ポテンシャル　63
ホモクリニック軌道　71

【マ行】

マッカーサー・ローゼンツヴァイク
　(MacArthur-Rosenzweig) モデル
　126

無次元化

　方程式の ──　13
モノドロミー行列　54

【ヤ行】

ヤコビ行列　33, 37

有界集合　165
有界閉集合　165

抑制因子　143

【ラ行】

ラウス・フルビッツ
　(Routh-Hurwitz) 条件　37

リアプノフ・シュミット
　(Lyapunov-Schmidt) 分解　180
リアプノフ関数　66
リプシッツ条件　170
リペラー　36
リミットサイクル　52
領域　165
臨界スローダウン　99

ロジスティック方程式　3
ロトカ・ボルテラ方程式　4, 72

【ワ行】

湧出点　36

著　者　略　歴

桑　村　雅　隆
(くわ むら まさ たか)

1994年　広島大学大学院理学研究科 博士課程修了
現　在　神戸大学発達科学部 教授
　　　　博士（理学）
専　門　応用解析学（数学）

シリーズ・現象を解明する数学 **パターン形成と分岐理論** 自発的パターン発生の力学系入門 Pattern Formation and Bifurcation Theory: Introduction to Dynamical Systems Theory 2015 年 1 月 10 日　初版 1 刷発行 2024 年 5 月 10 日　初版 5 刷発行 検印廃止 NDC 413.6, 421.5, 463.7 ISBN 978-4-320-11004-5	著　者　桑村雅隆　Ⓒ 2015 発行者　南條光章 発行所　**共立出版株式会社** 　　　　東京都文京区小日向 4-6-19 　　　　電話　03-3947-2511 （代表） 　　　　〒 112-0006／振替口座 00110-2-57035 　　　　URL www.kyoritsu-pub.co.jp 印　刷　啓文堂 製　本　ブロケード 　一般社団法人 　　　　　　自然科学書協会 　　　　　　会員 Printed in Japan

JCOPY ＜出版者著作権管理機構委託出版物＞
本書の無断複製は著作権法上での例外を除き禁じられています．複製される場合は，そのつど事前に，出版者著作権管理機構（TEL：03-5244-5088，FAX：03-5244-5089，e-mail：info@jcopy.or.jp）の許諾を得てください．